Verständliche Wissenschaft

Siebzehnter Band

Der Bau der Erde
und die Bewegungen ihrer Oberfläche

Von

W. von Seidlitz

Springer-Verlag Berlin Heidelberg GmbH 1932

Der Bau der Erde

und die Bewegungen ihrer Oberfläche

Eine Einführung in die Grundfragen der allgemeinen Geologie

Von

Dr. W. von Seidlitz
Professor der Geologie und Paläontologie
an der Universität Jena

1. bis 5. Tausend

Mit 54 Abbildungen

Springer-Verlag Berlin Heidelberg GmbH 1932

ISBN 978-3-662-41980-9 ISBN 978-3-662-42038-6 (eBook)
DOI 10.1007/978-3-662-42038-6

Ursprünglich erschienen bei Julius Springer in Berlin 1932.
Softcover reprint of the hardcover 1st edition 1932

Vorwort.

Geologische Fragen allgemeinverständlich zu behandeln ist schwerer als solche der Biologie oder selbst der exakten Naturwissenschaften, da man an keine Schulkenntnisse anknüpfen kann und das wissenschaftliche Sprachgut fast in jedem Fall einer besonderen Erläuterung bedarf. Aus diesem Grunde wurde hier auch ein Verzeichnis der Fachausdrücke beigefügt, die sich nicht verdeutschen und damit erklären ließen.

Trotzdem handelt es sich bei dem vorliegenden Bande nicht um eine Darstellung altbekannter Tatsachen in neuem Gewande, sondern um den Versuch, ein wissenschaftliches Thema, das den Inhalt einer akademischen Rede gebildet und ursprünglich als Vortrag gedruckt werden sollte (mit dem Titel des Zweiten Teiles vorliegenden Bandes „Wachsen die Berge?"), durch allgemeine Einleitung und Schlußfolgerungen einem weiteren Kreise verständlich zu machen. Dieses Ziel hätte trotz des knappen Raumes noch vollständiger erreicht werden können, wenn der Plan der Sammlung es ermöglicht hätte, noch mehr Begriffe und Tatsachen bildlich wiederzugeben. Auch die eingefügten Abbildungen sollen als wesentlicher Teil des Buches nicht der Unterhaltung des Lesers, sondern der Erläuterung dienen. Für die Überlassung solcher Bilder habe ich den Herren Studienrat Dr. H. Clauss (Gera), Prof. Dr. G. Dyhrenfurth, Prof. Dr. Weikmann (Leipzig), Prof. M. Richter (Bonn) und Dipl.-Ing. Basse (Berlin) zu danken. Die mit Jahreszahlen versehenen Bilder sind eigene Aufnahmen.

Beim Studium des Buches bitte ich die Leser des Goethewortes zu gedenken: „Warum ich am liebsten mit der Natur verkehre ist, weil sie immer recht hat und der Irrtum nur auf meiner Seite sein kann. Verhandle ich hingegen mit Menschen, so irren sie, dann ich, auch sie wieder und immer so fort. Da kommt nichts aufs reine. Weiß ich mich aber in die Natur zu schicken, so ist alles getan.“

Jena, Pfingsten 1932.

W. von Seidlitz.

Inhaltsverzeichnis.

Zweiter Teil

Wachsen die Berge?

Dritter Teil

Der Rhythmus der Erdgeschichte.

Einleitung.

Will man Beobachtungen über die Entstehung der Erdoberfläche und erdgeschichtliche Erscheinungen erklären, so ist man oft, mehr wie bei anderen naturwissenschaftlichen Untersuchungen, nur auf Vermutungen und spekulative Kombinationen angewiesen, da die *Tiefen*, in die solche Fragen hinabgreifen, und die *Zeiträume*, die sie umfassen, aus der Größenordnung der sonstigen irdischen Maßstäbe herausfallen. Je mehr aber die Geologie, als die *Wissenschaft vom Bau und der Geschichte der Erde*, sich auf die anderen, gleichfalls erdverbundenen Schwesterwissenschaften stützen kann, wie die Physik der Erde (Geophysik), die Chemie der Erde (Geochemie) und die Geomorphologie, der es obliegt, den Werdegang der heutigen Oberflächenformen zu erforschen — auch wenn diese drei Wissenschaften sich schon teilweise recht weit von ihren ursprünglichen Aufgaben auf Sonderwegen entfernt haben — gelingt es auch, Fragen näherzutreten, auf die uns bisher die Natur noch immer unbefriedigende Antworten gab. Zu diesen Grundfragen, die von jeher den Geognosten und Geologen beschäftigten, gehören vor allem: die Entstehung der Meere und Gebirge, der Wechsel der Gesteine im Wandel der Zeit und der Rhythmus im Ablauf der Erdgeschichte.

Das Experiment, zur Darstellung und Erklärung solcher geologischer Vorgänge, versagt mit wenigen Ausnahmen oder muß, wegen der verschwindenden Größenordnung jedes solchen menschlichen Versuches, hinter der Großartigkeit erdgeschichtlicher Erscheinungen zurückstehen. Dazu kommt, „daß das, was in anderen Naturwissenschaften sich unmittelbar der Beobachtung darbietet, nämlich die *Feststellung der Er-*

eignisfolge und ihres Ablaufes, bei fast allen geologischen Untersuchungen gerade zum Gegenstand des Studiums wird". Da auch manche der sogenannten Tatsachen, die uns die Lehrbücher übermitteln, noch keineswegs in dem Maße gesichert sind, wie es nach ihrer gebräuchlichen Darstellung erscheinen möchte, so erklärt es sich, daß nicht nur die Fernerstehenden, sondern auch viele naturwissenschaftlich vorgebildete mit Fragen an den Sachverständigen herantreten, auf die, wie z. B. den *zahlenmäßigen Ablauf der Erdgeschichte,* die Entwicklung der einzelnen Gesteine aus einander, die Gestaltungsgeschichte der Festländer und Meere oder gar den Ablauf der organischen Lebensvorgänge in der Vorzeit, auch die Fachliteratur, entweder widersprechende oder oft nur unvollständige und daher unbefriedigende Antworten gibt. Was Wunder, daß er dann, enttäuscht von dem Widerstreit der Gedanken und Lehrmeinungen mit den geologischen Tatsachen und seinen eigenen Beobachtungen, sich abwendet und anderen Wissensgebieten folgt, die durch exaktere Grundlagen ihm mehr zusagen.

Um so mehr ist eine Einführung in die Gedankenwelt der Erdgeschichte notwendig, die nicht nur *tote Formationstabellen* aufzählt, welche neben den Kristallsystemen sich als einzige, schematische Aufzählungen vielfach auch in den Schulunterricht verirrt haben und dort nur dazu beitragen, für Lebenszeit von einer Beschäftigung mit der Wissenschaft von der Erde abzuschrecken. Mit Absicht sind solche daher nicht vorangestellt, noch als Ziel ins Auge gefaßt, sondern nur gelegentlich erwähnt, als Zusammenfassung der Entwicklungsvorgänge. Wie ja auch eine historische Darstellung nicht auf Epochen der Geschichte und Daten verzichten kann.

Wir wollen daher versuchen, die Gedankengänge der geologischen Forschung, von einfachen Beobachtungstatsachen ausgehend, zu entwickeln und bis zu den Grundfragen vorzudringen, die heute als gesichert gelten dürfen. Dann wird es uns im zweiten Teile gelingen, einige Sonderfälle zu betrachten und im dritten Teile festzustellen, wie sehr alle diese Erscheinungsformen der Erdoberfläche, die man auch als physische Erdkunde zusammengefaßt hat, von den gleichen

Bedingungen und dem gesetzmäßigen Ablauf der Veränderungen beherrscht werden.

Wie kommen fossile Muscheln auf die Berge? Um eine erste Übersicht über dasjenige zu erlangen, was uns die Geologie zu deuten vermag, steigen wir an einer der geschichteten und gebankten Muschelkalkwände, die das Saaletal an der Rudelsburg oder bei Jena überragen, zur Höhe (3—400 m über dem Meeresspiegel) hinauf. Dort werden wir aus den fast horizontal gelagerten Kalkschichten viele versteinerte Muscheln, Schnecken oder auch Arm- und Kopffüßler (Brachiopoden und Ammoniten) lösen können, die wir heute nur als Bewohner des Meeres kennen. Selbstverständlich drängt sich dann die Frage auf: ob diese fossilen, d. h. versteinerten Reste einstigen, marinen Lebens dort zu Zeiten entstanden, als noch das Meer diese Berge überdeckte?

Wenden wir uns größeren Höhen zu und ersteigen einen alpinen Gipfel, etwa den Dachstein (2996 m) im Salzkammergut oder die Marmolata (3299 m) in Südtirol, so wird es uns schon klarer, daß die dortigen Korallen und Muscheln, als Bewohner flacher und warmer Meere, niemals von einer „Sintflut" auf die jetzt eisbedeckten Höhen getragen sein können. Auch wenn sie, ebenso wie die Kalkabsätze, in denen sie eingebettet liegen, einst marinen Räumen angehörten. Dieses *Grundproblem geologischer Beobachtung* erfuhr schon von dem ersten fein beobachtenden und modern denkenden Naturforscher dem Mailänder Maler und Ingenieur Leonardo da Vinci eine annähernd richtige Ausdeutung und erregte im Laufe der Jahrhunderte, mit wechselnder Erklärung, Interesse. Es wird noch zwingender, wenn wir von der internationalen Himalajaexpedition des Jahres 1930 hören, daß am Jongson Peak (7459 m), dem höchsten bis dahin von eines Menschen Fuß betretenen Gipfel der Erde (Abb. 42), marine Kalkschichten angetroffen wurden, die wohl als Teil einer Gesteinsdecke anzusehen sind, die beim Aufbau des Gebirges, von Norden her, aus Tibet nach Bengalen zu, herübergeschoben wurde. In ähnlicher Weise hat man auch den Fund eines Ammoniten nahe am Gipfel des Mt. Everest (8840 m) erklärt.

Alle diese Reste vergangener Lebensformen und mariner Ablagerungen entstammen also nicht einem Meer, das einst so hoch oder noch höher gestanden, als die jetzigen Fundstellen. Sie sind vielmehr als Bildungen zu erklären, die gleich denen der jetzigen Meere in der Nähe des heutigen Meeresspiegels oder Meeresbodens entstanden und erst sehr viel später bei der Entstehung der Gebirge mit *herausgehoben* wurden. Denn alle beobachteten Tatsachen sprechen dafür, daß die *irdischen Wassermengen*, wie das noch Fridjof Nansen in einem seiner letzten Werke betonte, *seit erdgeschichtlichen Zeiten annähernd die gleichen geblieben* sind; wenn sie überhaupt je nennenswertem Wechsel unterlagen. Alle Veränderungen in der Höhenlage der einst marinen Schichten, die heute als Gesteinsabsätze einen großen Teil der Festländer überdecken, müssen daher auf Schwankungen und *Bewegungen des festen Landes* zurückgeführt werden.

Es ist sogar schon möglich, sich heute ein Bild zu machen, in welchem Rhythmus und in welcher Zeitfolge derartige Veränderungen sich abspielten. Durch sie wurde nicht nur der ganze erdgeschichtliche Wechsel der Zeitalter, den die Formationstafel am Schluß angibt, beeinflußt, sondern auch die Gestaltung von Höhen und Tiefen, die das morphologische Oberflächenbild unserer Erdoberfläche darstellen. Deshalb ist es notwendig, daß wir uns noch weiter mit ihnen beschäftigen. Vorher aber kehren wir nochmals in unser mitteldeutsches Gebirgsland zurück.

Brocken und Inselsberg. Ein anderes Bild als die bisher genannten Berghänge bieten uns Inselsberg, Brocken oder Schneekoppe, auf denen die mehr oder weniger geschichteten Gesteine aus Meeresabsätzen fehlen. Der Gipfel des Inselsberges besteht aus Porphyr, wie er am Torstein bei Friedrichroda eindrucksvoll aufragt, der als glutflüssiges vulkanisches Gestein aus der Tiefe zur Oberfläche empordrang, um dort *schnell abzukühlen*. Das Brockenmassiv aus granitischen Gesteinen zeigt gleichfalls vulkanisches Material, das aber in der Tiefe steckenblieb und dort *langsam erkaltete* und daher eine vollkristalline und körnige Ausbildung der einzelnen Mineralbestandteile zeigt. Ein gleiches gilt von den Felsarten des Riesengebirgskammes, auf dem Mädelsteine und Hohes Rad die Zerstörung auch dieses festen Materials kundtun. Die Schneekoppe dagegen wird aus Gneis gebildet, der ursprünglich, ebenso wie die schon genannten Kalke und Schiefer, als Schichtgestein entstand, durch den Einfluß der Wärme magmatischer Glutmassen in der Tiefe und durch den Gebirgsdruck eine Umgestaltung (Metamorphose) erfuhr und zum *kristallinen Schiefer* wurde. Fügen wir noch die Basalte der Rhön und die Klingsteinfelsen (Phonolithe) des Hohentwiel am Bodensee hinzu, so haben wir die wichtigsten Gesteine erwähnt, die die Kernmassen und das Felsgerüst deutscher Gebirge bilden; die aber alle nicht zu den Bildungen der Erdoberfläche gehören, wie Kalke, Schiefer oder Dolomite, sondern *Reste der Erdtiefen* darstellen. Dieses Material eines zeitweilig lavaartigen Glutflusses (Magma) aus tieferen Räumen der Erde ist nur verschieden nach seiner schnelleren und langsameren Erkaltung, unter größerem oder geringerem Druck und je nach der Tiefenlage zur Oberfläche. Daher unterscheidet man auch die *vulkanischen Gesteine* der Oberfläche (Basalt, Porphyr usw.) von den *plutonischen* (z. B. Granit) der tieferen Lagen.

Eruptivgesteine und Sedimentgesteine. Damit haben wir schon eine weitere, wichtige Feststellung gemacht: die Unterscheidung *eruptiver Bildungen* von den *Sedimentgesteinen,* die von Wasser, Wind und Eis an der Oberfläche gebildet wurden. Beide teilen sich in den Aufbau der Erdoberfläche. Manchem wird dies als selbstverständlich oder die besondere Erwähnung als überflüssig erscheinen, da es ja schon in jedem Schulbuch der Geographie enthalten ist. Man bedenke aber, daß sich heute noch, gerade an diese anscheinend so einfache Unterscheidung, die wichtigsten der ungelösten oder nur teilweise geklärten geologischen Probleme knüpfen. Selbst von dem Streit der Neptunisten und Plutonisten am Ausgang des 18. Jahrhunderts abgesehen, die über die feurige oder wässerige Entstehung der Gesteine disputierten, bleibt noch das Problem der Schichtung der Sedimente, die verschiedenartige Sedimentgestaltung, nach Umwelt und wechselnden Bedingungen, und ebenso die Abspaltung der einzelnen Eruptivgesteine von einer magmatischen Grundmasse bestehen. Daneben sei auch der vielgestaltigen *Umwandlung* oder Metamorphose gedacht, der sowohl die Sedimente an der Oberfläche, auf ihrem Weg von den Meeres- und Festlandablagerungen durch Entsalzung, Erhärtung, Umlagerung usw. zu den jetzigen festen Gesteinen ausgesetzt waren. In der Tiefe aber unterlagen Sedimente wie Eruptivgesteine, in verschiedenen Stufen, der Umwandlung durch Wärme und Druck, bei der Entstehung der kristallinen Schiefer (Gneise, Glimmerschiefer, Phyllite usw.).

Auf die räumliche und örtliche Verteilung solcher Felsarten werden wir hier nicht eingehen können, dazu bedürfte es ausführlicher Beschreibung, wie man sie etwa in einer „Geologie von Deutschland" oder in einer „geologischen Länderkunde" findet. Aber die *Verknüpfung der verschiedenen Gesteinsarten,* nach Art, Alter und Bildungsraum, mit den Veränderungen der Erdoberfläche, ihren Hebungen, Senkungen, Aufrichtungen usw., aus denen nicht nur die schon erwähnte Höhenlage alter Sedimente nahe der Gebirgsgipfel, sondern deren Entstehung selbst sich ergibt, wird uns weiterhin beschäftigen.

So sehen wir, daß schon die ersten Einblicke in die Gebirgswelt und in den Aufbau der festen Erdkruste eine Anzahl von Fragen anregen, die einer Beantwortung bedürfen. Besonders wünschen wir zu erfahren, in welcher Beziehung die Gebirgserhebungen zu den Gesteinen, vor allem den Schichtbildungen, stehen und welche Zeiten dabei eine Rolle spielten.

Daher wollen wir zuerst untersuchen, wie das Gesteinsmaterial in seiner Bildung vom Raum und seinen rhythmischen Veränderungen abhängig ist und inwieweit sich dabei ein bestimmtes Zeitmaß für diese Vorgänge feststellen läßt. Auf einem solchen Zusammenwirken räumlicher Verteilung und zeitlicher Einflüsse, auf die Gesteine der obersten Erdkruste, beruht letzten Endes alles das, was wir als geologische Erscheinungen zusammenzufassen pflegen. Dabei dürfen wir jedoch nicht außer acht lassen, daß als dritter Faktor bei allen diesen Veränderungen neben *Raum und Zeit* auch die *Bewegungen* eine Rolle spielen.

Erster Teil.

Das Gesteinsmaterial und die Gestaltung der Erdoberfläche.

1. Wie entstehen die Gesteine?

Geologie der Gegenwart. Nicht von Steinbrüchen oder Sandgruben, die man für eine Einführung in das Verständnis geologischer Fragen meist für besonders geeignet hält, wollen wir ausgehen, da sie uns nur die steingewordene Vergangenheit zeigen und nur selten, jedenfalls nicht dem Anfänger, erlauben, auch in diesem Buche der Erdgeschichte zu blättern. Man beginnt den Leseunterricht auch nicht mit dem Studium schwer zu entziffernder und nur bruchstücksweise erhaltener, daher meist unzusammenhängender Urkunden. Selbst wenn die Schichten eines solchen Steinbruches auch mehrfachen Wechsel der Schichten und reichhaltiges Material an versteinerten Organismen enthalten, ist noch nicht viel gewonnen, da wir bestenfalls die tieferen und höheren Schichten, als älter und jünger, trennen und einen Wechsel der eingelagerten Tierformen feststellen können. Erst in neuerer Zeit haben wir gelernt, solche Reste alter Meeresablagerungen auch mit den heutigen, in Bildung begriffenen, zu vergleichen und damit im wahrsten Sinne des Wortes *vergleichende Geologie* zu treiben.

Die chemische und physikalische Analyse des Gesteins (die zum Arbeitsbereich der Petrographie oder Gesteinskunde gehört) wird dadurch natürlich keineswegs unnötig, ebensowenig die biologische und systematische Bearbeitung der fossilen Faunen und Floren (Versteinerungskunde oder Paläontologie). Doch sagt uns eine Aufzählung von Hunderten von Schnecken, Brachiopoden und Ammoniten, mit ihrer Verschiedenartigkeit meist nur in den äußeren Schalengebilden, noch sehr wenig, wenn wir uns keine Vorstellung über die Veränderung und Entwicklung der Tiere und ihre Lebensgemeinschaften, je nach den gebotenen Lebensbedingungen in flacheren oder tieferen und damit küstenferneren Gewässern und unter wechselnden Bedingungen von Wasserzufluß, Strömungen, Klima usw. machen können. Daher ist neuer-

Abb. 1. Fährtenabdrücke unbekannter Reptilien aus den rotliegenden Schichten Thüringens (Tambach).

dings die Paläontologie, die eine Aufzählung und Schilderung der einzelnen Formen bot, von der *Paläobiologie* abgelöst worden, die sich mit den Lebensbedingungen und der Umwelt in vergangenen Erdzeitaltern befaßt. Ebenso hat man auch begonnen, „*Geologie der Gegenwart*" zu treiben, d. h. zur Deutung von Erdformen aus vergangener Zeit, Erklärungen an Erscheinungen z. B. der heutigen Meere und Meeresküsten zu suchen. Von diesem Gesichtspunkte aus wurde vor einigen

Jahren von Frankfurt aus die Forschungsanstalt „Senckenberg am Meer" in der Jade begründet, die uns ganz neue Gesichtspunkte für die Bildung der Schichten, ihre wechselnde Gestaltung und Veränderung und damit auch für das Verständnis geologischer Ablagerungen eröffnete. Werfen wir deshalb einen Blick auf die Ablagerungen und Formen des

Abb. 2. Wellenfurchen (Rippeln) mit Kriechspuren von Taschenkrebsen. Föhr, Südstrand, 1920.

Watts, um die Bildung von Meeresabsätzen im Wechselspiel der Gezeiten kennenzulernen.

Wattenmeer und Küstengeologie. Besser als Steilküsten zeigen uns Flachküsten, z. B. der Nordsee, die unendliche Mannigfaltigkeit in der Ablagerung von Schichten und der ihnen eingebetteten Tierreste. Mit jedem Wechsel von Ebbe und Flut verändert sich das Bild[1]. Taucht das Watt auf,

[1] Vgl. Drevermann, Meere der Urzeit. Verst. Wissensch. Bd. 16.

so liegt immer wieder neu gebildet eine Schichtfläche des *werdenden Gesteins* vor uns. Denn Sand wird einmal zu Sandstein und Schlick zu tonigen Ablagerungen und Schiefern, die eingebetteten Tierleichen aber zu Versteinerungen. Nur mit dem einen Unterschied, daß wir mit den Versteinerungen oder Fossilien, die für die Bildungsgeschichte der Erde und ihrer Gesteine so gute Wegemarken abgeben, nicht das Leben selbst, sondern nur seine versteinerte Abbildung vor uns haben: Denn nur „am farbigen Abglanz haben wir das Leben" (Faust II). Wenn wir uns diese Vorgänge aber vergegenwärtigen und die Bildungsweise solcher Ablagerungen kennenlernen, werden auch die heutigen Gesteine des festen Landes mit ihren fossilen Einlagerungen verständlich.

Im Buntsandstein und Muschelkalk Mitteldeutschlands haben wir vergleichbare Bildungen der Vergangenheit vor uns, deren Werdegang lang umstritten war. Wellenfurchen oder Rippeln finden sich in tieferen und höheren Lagen sowohl des Buntsandsteins wie auch des Wellenkalkes. Dazwischen Abdrücke von Regentropfen, Kriechspuren und Fußabdrücke von größeren Tieren (Abb. 1). Die Kreuzschichtung des Sandsteins kann als Windanwehung und teilweise auch durch Strömung erklärt werden.

Aber um wie vieles lebendiger wird das Bild, wenn wir nun im Wattengebiet vor der Jade oder an den Friesischen Inseln sehen, wie mit jeder einlaufenden Flut neuer Schlick über alte Rippeln gespült wird, wie durch die Sturmfluten eine Wechsellagerung von Muschellagern mit Schlick, aus Zeiten ruhigen Wassers, wechselt oder durch die Gezeiten Schichtbildung oder eine Schrägschichtung oder sogar Kreuzschichtung entsteht. Kammrippeln, als Wirkung des Seeganges (Abb. 2), wechseln mit solchen, die als Zackenrippeln bezeichnet werden und bei leichterem Strom entstehen und schnell wandernd mit ihren Zacken die Richtung der Strömung verraten. Man denkt dabei an die vielen Flächen mit sogenannten Wellenfurchen, die in den Platten des unteren und oberen Muschelkalkes freigelegt wurden, während solche mit geringerer Wellenbreite im Rotliegenden und Buntsandstein vielleicht auf Windwirkung in den Sandgebieten des festen Landes deuten. Aber auch Sandplatten und wandernde Sandrücken finden sich im Watt, die teils vom Wind, meist aber von der Strömung, weitergeschoben werden; Eindrücke von Regentropfen und Abdrücke von Fährten (Abb. 1) sind vorhanden, und der wandernde Sand überdeckt Muscheln und Tierreste.

Daneben zeigt sich die Wirkung jüngster Erosion und Zerstörung, durch die Gewalt der Strömung, schon gleich im neugeborenen und eben verfestigten Schlickfestland des Klei,

Abb. 3. Baumstümpfe eines versunkenen Waldes, von Mytilusmuscheln überdeckt. Watt vor Föhr, Südstrand, 1920.

und der Küstenstrom der Ebbe gräbt tiefe Prielen durch Schlick und Sand.

Die Zerstörungsarbeit des Meeres, das erst im Mittelalter Jade wie Zuidersee aufriß und die Halligen trennte (Abb. 29), geht auch heute noch weiter. Da die Nordseeküste hier noch in weiterem, ständigem Sinken begriffen ist, bringt gerade diese Bewegung Veränderungen mit sich, und Scholle um Scholle wird langsam hinweggeräumt, jeder Deicharbeit spottend. Baumstümpfe mit Muschelbewuchs stehen weit draußen im Watt, und unter ihnen in der Tiefe zeugt der Waldtorf von verlorenem Land (Abb. 3).

Das Tierleben der Flachsee zeigt uns, wie wir die versteinerten Formen, die wir in den Kalk- und Schieferbänken finden, zu deuten haben. Auf weite Strecken finden wir, auch im Watt, einzelne Formengruppen in riesigen Massen verbreitet. Große Mengen der Schnecke Hydrobia erinnern an ihre fossile Anhäufung in den tertiären Schichten des „Mainzer Beckens"; an anderen Stellen laufen Kriechspuren dieser Schnecke über die Rippeln, wie sie einst andere Mollusken über die Wellen des unteren Muschelkalkes gezogen haben. Dann sind es die U-förmigen Röhren der Sclickkrebse, die sich im Buntsandstein in den Gängen einzelner Sandwürmer wiederholen. Neben Fußspuren, Fährten und Bauten verschiedener Tiere sind die Reste größerer Formen nur selten eingebettet erhalten; meist nur dann, wenn diese Tiere, von der Ebbe überrascht, verendeten oder sich nicht mehr ins offene Wasser retten konnten. Auch das erklärt die Armut an größeren Wirbeltierresten in unseren Triasschichten gegenüber der Anhäufung von Muscheln und Brachiopoden, die, wie in heutigen Meeren, an bestimmte Prielen oder Uferstreifen gebunden waren, oder deren abgestorbene Schalen, wie die der Strandauster oder der Miesmuschel in der Nordsee, zu breiten Flächen oder an den Spülsäumen der Schlickschollen von der Flut zusammengeschwemmt wurden. Dann liegen sie meist mit der Wölbung nach unten und einzelne Schalenhälften sind ineinandergeschachtelt. Dadurch verraten auch fossile Schalenanhäufungen die Lage der unter- und überlagernden Schicht, und aus der Erfahrung an *heutigen Flachmeersäumen* ist es möglich, Schlußfolgerungen auf solche in fossilen Lagen zu ziehen. Dies ist um so wesentlicher, als die meisten Sedimente, die der Geologe zu untersuchen hat, Bildungen der Flachsee und Absätze flacher, verlandender oder zeitweise sinkender Küsten sind. Gleiche Beobachtungen wie an der Wattenküste der deutschen Bucht lassen sich auch an Flachküsten anderer Erdteile machen, wo in wärmeren Gebieten noch die üppige Vegetation z. B. der Mangroveküsten dazukommt.

Auch an *Binnengewässern* läßt sich Ähnliches beobachten, doch fehlt dort die Wechselwirkung von Ebbe und Flut.

Werden, durch besondere Umstände oder künstlich, größere Seebecken trockengelegt, so sind unter Umständen ähnliche Feststellungen wie am Ebbestrand möglich, sowohl was Schichtbildung wie Einbettung organischer Reste anlangt. So konnte man Schichtungen von deltaförmigen Bachmündungen der jüngst vergangenen Zeit am Lüner See in Vorarlberg beobachten, als man ihn zum Zweck eines Staubeckenbaues abgelassen hatte. Besonders die Einbettung größerer Wirbeltierleichen ließ sich im Bereich von Seengebieten untersuchen, dort, wo durch plötzliches Massensterben, durch

Abb. 4. Leichenfeld verhungerter Pferde, westlich Dünaburg, die man nach Ausbruch der russischen Revolution ins freie Feld gejagt hat. (Nach Weigelt.)

klimatische oder Strömungseinflüsse, eine Zusammenschwemmung vieler Kadaver erfolgte. Lernten wir im Watt Lebensgemeinschaft kennen, so wurden neuerdings solche Todesgemeinschaften rezenter Tiere aus verschiedenen Binnengewässern beschrieben und damit auch eine Erklärung gegeben für das massenhafte Auftreten fossiler Wirbeltiere in einzelnen Schichten, wie im Jura Schwabens und Frankens oder der Kreide Nordamerikas (Abb. 4).

Steilküsten und Hochsee. Wir sehen an diesen Beispielen, wie wichtig für das Verständnis der Sedimentgesteine und ihrer fossilen, d. h. versteinerten Tierreste der Vergleich mit ähnlichen Bildungen heutiger Zeit ist. Auch lernen wir daran die Bedeutung des Meeres und seiner Ablagerungen für die Geologie kennen. Jedoch mit der Einschränkung, daß es meist nur die Randbildungen sind, an der Flachküste, dem Watt und dem Schelfgebiet oder dem Gebiet des Küstensockels der Kontinente. Die Ablagerungen tieferen Wassers sind dagegen seltener oder gar solche der eigentlichen Tiefsee nur ganz vereinzelt in den Gesteinsbildungen der Vergangenheit vertreten.

Von solchen Gesteinen, die in Ufernähe gebildet wurden, sind noch diejenigen der Steil- und Brandungsküsten, wie auf Helgoland, Rügen und in Norwegen, zu nennen, an denen sich auch heute *Trümmerbildungen* in Gestalt von Geröllanhäufungen (in verfestigtem Zustand als Konglomerate bezeichnet), Kieslagern und Sandschichten verschiedenen Kornes finden. Neben diesen mehr oder weniger eckigen (Breccien oder Breschen) oder kantengerundeten Konglomeratgesteinen sind im Binnenland von Trümmergesteinsanhäufungen die Geröllmassen der Eiszeit (Moränen), die Kiese alter Flußläufe, der Sand der Dünen und schließlich die feinen vom Winde aufgewirbelten Gletscherstaubmassen zu erwähnen, die dann als Löß abgelagert wurden. Dazu kommen Gesteinsbildungen, die sich fast ganz aus tierischen und pflanzlichen Resten zusammensetzen, und schließlich chemische Sedimente: Kalkmassen aus tierischen Skeletten der Korallen und Schwämme oder auch von Kalkalgen aufgebaut, wie im Devon der Eifel, dem Zechstein Thüringens oder der Trias der Alpen; daneben Salz-, Gips- und Natronlager, die austrocknenden Binnenseen entstammen. Alles Bildungen, die wir mit solchen heutiger Meere und Meeresbuchten vergleichen können; die Korallenbauten z. B. mit solchen in der tropischen Südsee.

Verschieden sind auch die Ablagerungen aus sinkenden und aufsteigenden Meeresräumen, die uns besonders im Alpengebiet in den Flysch- und Molassebildungen des Tertiärs entgegentreten. Besonders die, *Nagelfluh* genannten, Gerölle der Molasse sind erst entstanden als die *Erhebung der*

Alpen schon im Gange war, während das Meer aber noch an den neugebildeten Küsten nagte. Dagegen gehören die in den jüngeren alpinen Formationen so weit verbreiteten Schieferbildungen, die man als *Flysch* bezeichnet, zu denjenigen Gesteinen, die wohl in flachen Räumen der sinkenden Meeresmulde (Geosynklinale) entstanden. Gleich den Kulmschiefern der Steinkohlenformation in Deutschland sind sie vielleicht den heutigen Schlickablagerungen im Bereich des Küstensockels der Kontinente nicht unähnlich. Solche Geosynklinalen haben wir uns als *langsam sinkende Sammelmulden der Sedimente* vorzustellen, die zwischen Flachsee und Tiefsee schwanken und in stärkster Weise von der Gebirgsbewegung der Randgebiete betroffen wurden. Einige dieser sehr beweglichen Sammelmulden lagen im Gebiet der heutigen Alpen und des Mittelmeeres, das wohl teilweise dem Rest einer solchen Mulde entspricht.

Zu den *Ablagerungen* im Gebiet des Küstensockels (Schelf) bis zur Tiefe von 200 engl. Faden, die man auch als Schelfablagerungen bezeichnet, gehören eine ganze Reihe von Gesteinen, wie wir sie aus den an Versteinerungen so reichen Schichten der Trias, des Jura und der Kreide kennen: so die Sandsteine, Korallen- und Schwammkalke, Oolithbildungen usw. Zu den *küstenferneren:* die nachher verfestigten Schlickbildungen, die in der Gestalt von Grünsanden, Kupfer- und Dachschiefer, des Graptolithenschiefers der Silurischen Formation und vieler anderer ähnlicher Bildungen uns entgegentreten.

Tiefseeablagerungen. Auffallend ist auch heutigentags die Verschiedenheit der Flachseebildungen von denen der *Tiefsee,* die sich anscheinend nicht mit solcher Schnelligkeit und Mächtigkeit anhäufen. Sie sind arm an Schalen, Knochen und sonstigen organischen Resten, die schon durch den Kohlesäuregehalt des Meerwassers aufgelöst wurden, ehe sie den Boden erreichten. In den jetzigen Weltmeeren unterscheidet man Globigerinen-, Diatomeen-, Radiolarienschlamm und manche andere Ausbildungen, die aus vergangenen Zeiten kaum in der weiten und gleichmäßigen Verbreitung und wohl auch nicht aus so tiefen Gewässern vorhanden sind. Nur Gesteine mit den Kieselskeletten der Radiolarien[1] lassen darauf schließen, daß sie tieferen Meeresräumen entstammen. Im allgemeinen wird man aber annehmen dürfen, daß die wirklichen ozeanischen Tiefen, z. B. des Pazifik, auch in ältester Zeit schon ozeanische Räume darstellten und das die überwiegende Mehrzahl geologischer Schichten dem Schelfgebiete und den das Festland zeitweilig überflutenden Flachseegebieten angehörte. Gerade durch diese *randlichen Flutmeere* ist die unendliche Mannigfaltigkeit, auch gleichalteriger Schichten, bedingt, die, als einstige Ablagerungen verschiedener Buchten, sowohl in Gesteinszusammensetzung wie den maßgebenden Organismen, sehr wechselndes Aussehen haben

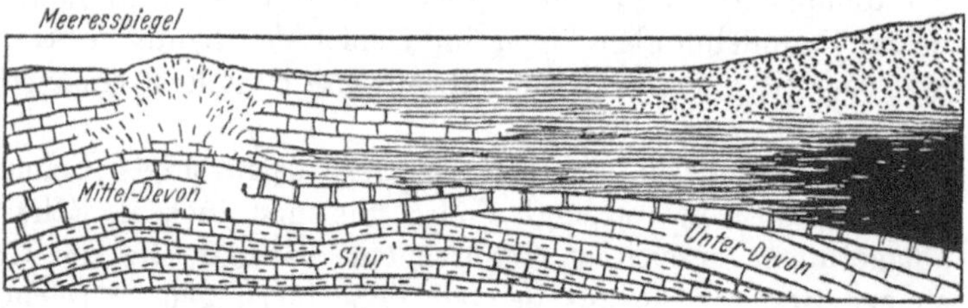

Abb. 5. Wechsel der Ausbildung (Fazies) gleichalter Schichten im nordamerikanischen Devon. Links Korallenriff, in der Mitte Schlickablagerung, rechts Delta eines einmündenden Flusses. (Nach Grabau aus Wagner.)

können, was man gewöhnlich als *Fazies* (das Antlitz, das Aussehen) bezeichnet (Abb. 5).

Diese Vergleiche vorzeitlicher Gesteinsmassen mit heutigen Meeresbildungen gehen davon aus, daß einstmals die Meere gleich oder ähnlich gestaltet waren wie heute. Zwar wissen wir nicht, ob die Strömungen, der Wechsel von Ebbe und Flut, der Salzgehalt in gleicher Weise verteilt waren. Unsere Gegenüberstellung einzelner Gesteinslagen mit solchen des Wattenmeeres zeigt aber doch, daß wir wohl mit unserer Annahme nicht weit fehlgehen.

Die Schichtung der Gesteine. Wenn wir, erst nachdem wir uns diese Kenntnisse an neuzeitlichen Meeren angeeignet haben, an *Steinbrüche* und *Sandgruben* herantreten,

[1] Vgl. Drevermann, Meere der Urzeit. Verst. Wissensch. Bd. 16, Julius Springer 1932.

so drängt sich immer zuerst die Frage auf, wo und wie haben sich die Schichten gebildet. Wir werden dann bei Geröllablagerungen von Konglomeratschichten und von groben Sandsteinen an das Brandungsgebiet, bei fossilreichen Tonschiefern und Kalken an das Flachseegebiet denken. Die meisten Kiese und Sande aber, die uns in Sandgruben usw. des Binnenlandes entgegentreten und die vielfach noch nicht verfestigt sind, werden wir dagegen als jugendliche Flußsedimente und Reste der Eisablagerungen der diluvialen Eiszeit, demnach als Sedimente des festen Landes, von diesen zu trennen haben.

Eins fällt uns aber an vielen Steilwänden und Steinbrüchen auf, was wir am Meeresufer nur unvollkommen beobachten können, das ist die *Schichtung und Bankung* der Gesteine. Wir lernen wohl die Lage solcher Bänke, ob horizontal oder nachträglich geneigt, unterscheiden, auch mit dem Winkelmesser und Geologenkompaß bestimmen. Wir unterscheiden die unterlagernden und überlagernden Schichten, nach altem Bergmannsbrauch, als das *Hangende* und *Liegende* und messen die Mächtigkeit der Bänke und Schichten. Wie aber die Schichtung selbst entsteht, gehört, mit wenigen Ausnahmen, doch noch zu den ungelösten Fragen. Besonders dann, wenn regelmäßiger Wechsel kalkiger und toniger Schichten stattfindet oder gleichmäßig dünne Schieferlagen aufeinander folgen, versagen die Erklärungen. Wir vermögen nur zu sagen, daß eine *Unterbrechung* und ein *Wechsel* nicht nur der *Ablagerung* (Abb. 6), sondern auch der *klimatischen* und *chemischen Bedingungen*, d. h. des Sättigungsgrades der Lösungen stattfand. Nur in ganz wenigen Fällen, bei der Bildung von Salzlagern, wo Salz und Anhydritschichten miteinander wechseln, und in dünngeschichteten eiszeitlichen Bändertonen (Schweden) wird man von jahreszeitlichem Wechsel reden dürfen.

Auch den *Schicht- und Formationswechsel* im großen, wie er sich in Überflutungen (Transgressionen) und Rückfluten (Regressionen) ausdrückt und den uns die Tabelle der Formationen am Schluß zeigt, wird man nur durch solche Unterbrechungen in der Ablagerung erklären können, und dadurch, daß man daneben noch starke Schwankungen, d. h. Hebungen und Senkungen, der Festlandsschollen annimmt. Dies ist schon deswegen nötig, weil viele bekannte Sedimente, wie z. B. die Kohlenflöze des Karbons mit ihren Zwischenlagen, der alpine Flysch und viele Ablagerungen der Trias, solche *Gesamtmächtigkeiten* von vielen Hunderten, ja Tausenden von Metern erreichen, daß man sie nur dann zu deuten vermag,

Abb. 6. Horizontale Schichtung und Wechsellagerung kalkiger und toniger Schichten im Weißjurakalk Schwabens 1930.

wenn man eine ständige *Senkung* während der Zeit ihrer Ablagerung annimmt.

Besonders eine Reihe wichtiger Bodenschätze, wie *Kohle, Salz und Erdöl,* sind an solche schnell sinkenden Räume, vor allem am Rand der Sammelmulden gebunden. Mit gutem Grund könnte man daher, allein nach der Folge der verschiedenen Formationen, bei denen Flachsee, Festland und tieferes Meer miteinander ständig wechselten, eine Bewegungsgeschichte der Schwankungen (Oszillationen) unseres Bodens aufstellen.

Leitfossilien. Man hat sich zwar bemüht, ein mehr oder weniger starres Schema der Gliederung und der Schichtenfolge (s. Formationstabelle am Schluß) aufzustellen und die wechselnden Schichten mit Resten organischen Lebens, den sog. „*Leitfossilien*“ belegt, die nur für eine Zeitperiode besonders bezeichnend sind, wie etwa die Trilobiten für die Schichten des Altertums (Paläozoikums) der Erdgeschichte, oder die Belemniten für Jura und Kreide. Dabei ist aber durchaus nicht erwiesen, ob die, nach der historischen Entwicklung unserer Kenntnis, gegliederte Schichten- und Fossilienfolge, die von Europa ihren Ausgang nahm, auch für alle ferngelegenen Erdteile in gleichem Maße gilt. Es ist gar nicht sicher, daß gleichartige, besonders bezeichnende Leitformen einzelner Formationen, wie z. B. manche Ammoniten des Jura, die Rudistenmuscheln der Kreide usw., auch eine *Gleichzeitigkeit der Schichten* verbürgen. Wanderungen und Transport durch Strömung haben sicherlich auch mitgespielt, so daß eine solche Altersbestimmung einen höchstens *relativen*, niemals aber absoluten Wert hat. Einstweilen aber gilt sie noch als Grundlage und Voraussetzung, aller geologischen Forschung und Zeitbestimmung, und man hütet sich wohl, an diesem Fundament zu rütteln, ehe man nicht das System durch ein besseres zu ersetzen vermag.

So sehen wir schon am Anfang unserer Bekanntschaft mit den Grundlagen geologischer Wissenschaft, daß selbst die Erklärung der an der Oberfläche der Erde sich bietenden Probleme, höchstens eine formale, aber noch keine endgültige Lösung darstellt. Wenn wir in die Tiefen der Erdschichten hinabsteigen, werden sich die Schwierigkeiten begreiflicherweise vermehren, da vieles nicht mehr direkter Beobachtung zugänglich ist.

Vulkanismus und Eruptivgesteine. Eine schematische Gliederung der aus der Tiefe stammenden sogenannten eruptiven Bildungen haben wir schon kennengelernt. Wollen wir das an der Oberfläche der Erde noch erkennbare Werden solcher Gesteine kennenlernen, so können wir dies nur in

Vulkangebieten, die entweder noch in Tätigkeit sind, wie der Vesuv und die Insel Santorin (Thera) im Griechischen Meer oder in den erst vor kurzem erloschenen, wie in der vulkanischen Eifel, am Laacher See oder im Albanergebirge. Da treffen wir die Glutschmelze der Lavaströme, in verschiedener Gestalt erstarrt, und ebenso Auswurfprodukte in Gestalt von Bomben, Lapilli und schließlich vulkanischem Sand und feinsten Aschenmassen, die bei der Eruption emporgeschleudert, später aber auch stellenweise durch Wasser zusammengebacken (Tuffbildung) wurden. Eigentliche Lavaströme und Kraterbildungen, auch aus dem jüngst zurückliegenden Tertiär, sind nicht häufig, da die Verwitterung und Abtragung vielfach diese oberflächlichen Bildungen zerstörte. Aber mit Lavadecken können wir manche der jüngeren Ergußgesteine wohl vergleichen und die Aschenmassen treffen wir z. T. verfestigt in den Tuffen an.

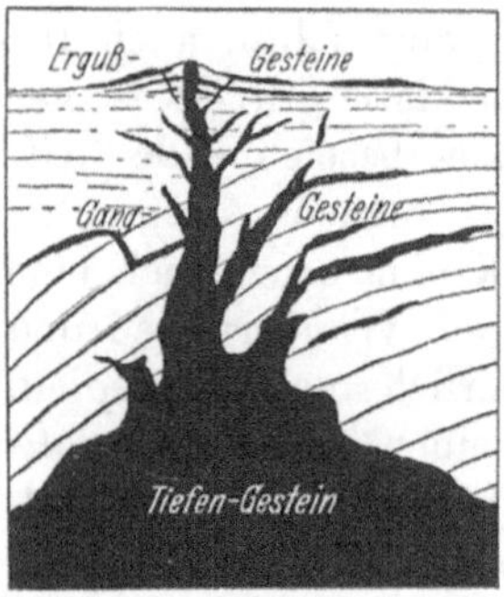

Abb. 7. Erdquerschnitt, der den Zusammenhang zwischen Tiefen-, Gang- und Ergußgesteinen zeigt. (Nach E. Kayser.)

Diesen oberflächlich erkalteten vulkanischen Gesteinen stehen die schon erwähnten plutonischen der Tiefe gegenüber, und die Verbindung zwischen beiden bilden die *Gänge,* die an Stellen geringen Widerstandes, vor allem häufig an Spalten gebunden, die überlagernden Gesteine durchbrechen (Abb. 7). Dabei erkaltete das Magma, bei der Berührung mit den umgebenden Schichten, schneller als bei großer Massenanhäufung, vor allem an den Außenwänden der Gangbildungen. Hier kommt es am frühesten zur Ausscheidung einzelner Mineralien; eine ganze Reihe von Erzlagerstätten sind daher an solche Gänge und ihre Salbänder (randliche Ausbildungen) gebunden.

Gehen wir noch weiter in die Tiefe zu den in der Kruste gelegenen Gesteinen hinab, so erreichen wir freilich immer noch nicht das eigentliche *Grundmagma,* die glutflüssigen Massen, aus denen die verschiedenen Gesteinsarten sich abgespalten haben müssen; auch unter den tiefsten und ältesten Eruptivgesteinen konnte man ein solches noch nicht feststellen. Wir nehmen daher an, daß alles uns bisher bekannte eruptive Material verhältnismäßig oberflächlich gelegenen Herden entstammt. Durch die Fortschritte chemischer und physikalischer Forschung und die besonderen Methoden der Gesteinskunde, die an dünnen Gesteinsschliffen die Zusammensetzung der einzelnen Gesteine, in polarisiertem Licht unter dem Mikroskop, untersucht, sind wir wenigstens experimentell auf dem Wege, die Trennung und Sonderung der Tiefengesteine und andererseits ihre Erstarrungsfolge langsam zu klären. Ja wir können aus dem mikroskopischen Bild der Mineralien und Gesteine auch Schlüsse ziehen auf den Werdegang der Gesteine und selbst der Gebirge.

Aus der Struktur eines Eruptivgesteins sind wir auch in der Lage, die Schnelligkeit der Erstarrung, wenigstens relativ, festzustellen und die Bildungsumstände in ihrem zeitlichen Wechsel und beim Empordringen des Gesteins aus der Tiefe festzustellen. Dabei spielte auch die Umwelt, d. h. die Zusammensetzung des zu durchdringenden Gesteins, eine Rolle. Auch wenn wir berücksichtigen, daß noch eine Reihe von leichtflüchtigen Bestandteilen, in *gasförmiger* Gestalt, dem Grundmagma eigentümlich waren, aber während der Gesteinsbildung und Erstarrung entwichen, genügt dies aber dennoch nicht, um von dem Ausgangsmaterial in der Tiefe eine Vorstellung zu gewinnen.

Dagegen können wir, abgesehen von der Mineralzusammensetzung, die nach der Tiefe des Bildungsraumes wechselt, verschiedene Unterschiede der Gesteine feststellen, indem wir einmal die Kieselsäurereichen (*sauren* Gesteine) und daher meist helleren von den Kieselsäurearmen, *basischen* Gesteinen trennen. Zu ersteren gehören die Granite, Porphyre, Trachyte usw., zu den letzteren die Basalte, Gabbros, Peridotite usw., bei denen dunkle Mineralien (wie Augit, Hornblende, Olivin) vorherrschen. Eine andere Gliederung geht von der räumlichen Verteilung aus und unterscheidet die Sippe der aluminium- und kalkarmen Alkaligesteine, die man als *atlantisch* bezeichnet gegenüber den Alkalikalkgesteinen der *pazifischen* Sippe. Diese pazifischen Gesteine sind mehr an die Faltengebirge gebunden, die atlantischen treten dagegen nach der Faltung auf, besonders in Gebieten intensiver Bruchbildung. Außerdem hat man auch noch eine dritte Sippe der *mediterranen Gesteine* abgetrennt, in denen Kalium vorherrscht und die dem Grundmagma sehr nahestehen sollen.

Bei ihrer *Anordnung im Raum,* den die eruptiven Gesteine sich, besonders im Bereich der oberflächlichen Schichtgesteine, erst schaffen mußten, kann man feststellen, daß sie, abgesehen von den schon erwähnten schmalen Gängen, auch in größeren Massen in die Kruste eingedrungen sind; teils indem sie vorhandene Hohlräume füllten oder solche durch Aufschmelzung der Umgebung bildeten. Derartig in der Tiefe steckengebliebene und erkaltete Eruptivmassen werden als *Lakkolithen und Batholithen* bezeichnet; ihre Randgesteine, die sie teilweise wie ein Lötkolben durchschmolzen haben, wurden dadurch vielfach stark verändert (*Kontaktmetamorphose* (Abb. 8). Bei diesem Kampf um den Raum bleibt aber auch die Glutschmelze des Magmas nicht unbeeinflußt von der Außenwelt und muß sich bei ihrer Erstarrung dem Druck fügen, dem ihre Umgebung unterliegt. So finden wir in den Klüften und Absonderungsflächen der Tiefengesteine (Granite usw.) auch noch die Richtungen wichtiger Bewegungen und Faltungen in der Umwelt vielfach besser festgehalten, als in den Gesteinen der Hülle selbst (Granittektonik). Davon zu unterscheiden sind die bei manchen Ergußgesteinen der Oberfläche (Basalt usw.) besonders in die Augen fallenden Erkaltungs- und Absonderungsformen, die teils kugelige, teils säulenförmige Gestaltung zeigen (Abb. 9).

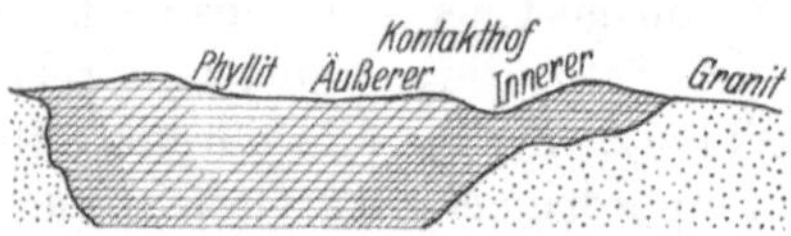

Abb. 8. Kontakthof eines Tiefengesteines, das in ein Schichtgestein eingedrungen ist und dieses am Rande aufgeschmolzen und verändert hat (Kontaktmetamorphose). (Nach Wagner aus Drevermann.)

Die Umwandlung der Gesteine in der Tiefe. Sehen wir, daß der Vorgang des Aufdringens einer magmatischen Masse schon verschiedene Veränderungen für die umgebenden und überlagernden Gesteine mit sich brachte, so werden solche Einflüsse, in größerer Tiefe, als eine ganz allgemeine Erscheinung gewertet werden müssen. Dieser Umwandlung oder *Metamorphose* verdanken wir einen dritten Gesteinstypus, den wir schon an der Schneekoppe kennenlernten und den wir weder zu den oberflächlichen Schichtbildungen noch zu den Eruptivgesteinen rechnen konnten. Das sind die *kristallinen Schiefer*. Mit den Sedimenten haben sie den lagen-, ja selbst schichtenförmigen Bau gemeinsam, mit den Erup-

Abb. 9. Säulenförmige Absonderung an einem Basalt. Rhön.

tivgesteinen den Mineralbestand und die Veränderung durch das Wachstum und die Neubildung von Mineralkristallen. Da sie durch Gebirgsbildung fast immer aufs stärkste zusammengepreßt und durch das Eindringen eruptiver Gesteine außerordentlich stark verändert sind, wird eine Gliederung nach Alter und ursprünglichem Zusammenhang, ja sogar nach ihrer Bildungsgeschichte, fast immer erschwert. Nur gelegentlich kann man ihren Übergang aus unveränderten Sedimenten der Oberfläche bis zu den kristallinen Umwandlungsprodukten der Tiefe unmittelbar verfolgen.

Gleichviel, ob es nun der Druck der überlagernden Massen (Belastungsmetamorphose) oder des allseitigen und gerichteten Bewegungsdruckes (Bewegungsmetamorphose) ist, so viel steht jedenfalls fest, daß wir unter den kristallinen Schiefern sowohl Gesteine, die sich ursprünglich als Eruptiva bildeten und andere, die aus Sedimenten hervorgegangen sind, zu unterscheiden haben. Neben solchen, die unzweifelhaft zu den ältesten Gesteinen der Erdkruste und zur Basis aller jüngeren Bildungen zählen, wie in Kanada und Finnland, hat man aber auch Gesteine zu unterscheiden, deren Metamorphose

Abb. 10. Stark gefaltete kristalline Schiefer des Archaikums. Schärenküste bei Stockholm 1910.

wesentlich später stattfand. In Norwegen finden sich Trilobitenkrebse des Silurs, in den Alpen aber sogar die der Jurazeit besonders eigentümlichen, den Tintenfischen verwandten, Ammoniten und Belemniten in Gesteinen, die durch direkten Übergang mit kristallinen Schiefern verbunden sind. Daraus können wir schließen, daß die Gesteinumwandlung gelegentlich auch noch Gesteine der Silur-, ja der Juraformation ergriffen hat (Abb. 10).

Die besonderen Eigentümlichkeiten dieser metamorphen, d. h. umgewandelten Gesteine, die neben ihrer kristallinen Beschaffenheit und Struktur in einer mehr oder weniger deutlichen Parallelität des Gefüges besteht, die sich bis zur Schieferung steigern kann, liegen also weniger im geologischen Alter, auch nicht in ihrer sedimentären oder eruptiven Herkunft. Wir müssen sie vielmehr als eine Funktion der Tiefenlage ihres Umwandlungsraumes und des Druckes (sowohl des gerichteten, seitlichen Gebirgsdruckes wie des allseitigen Druckes der überlagernden Gebirgsmassen) ansehen.

Demnach hat man auch eine Gliederung der kristallinen Schiefer nach ihrer *Bildungstiefe* vorgenommen. In der tiefsten Zone (*Katazone*), zu der neben den Gneisen auch Marmore und Eklogite (Fichtelgebirge) gehören, überwiegt bei weitem der allseitige (hydrostatische) Druck den seitlichen Gebirgsdruck. Zur Mittelzone (*Mesozone*) gehören vor allem die Glimmerschiefer und zur oberen Zone (*Epizone*), in der der gerichtete Druck der Gebirgsstauung überwiegt, Phyllite, Chloritschiefer usw. Räumlich betrachtet, haben wir noch keine zahlenmäßige Vorstellung davon, um welche Tiefen es sich bei diesen Zonen handelt, und es ist wohl kaum anzunehmen, daß es sich dabei um völlig konzentrische Schalen des Gesteinmantels handelt. Sicherlich aber haben wir unter diesen Gesteinen die ältesten uns bekannten Bildungen zu suchen, die am Aufbau der Erdkruste teilgenommen haben.

Die Zusammensetzung des Erdinnern stellte man sich lange Zeit als glutflüssig vor, wobei man die Erfahrung heranzog, daß die Temperatur in Bergwerken und tiefen Bohrlöchern, die aber selten über 3000 m hinabgreifen, mit einer gewissen Gesetzmäßigkeit zunimmt. Dann müßte man im Kerngebiet der Erde Temperaturen bis zu 100000 Grad erwarten, bei denen wohl alle Stoffe in den gasförmigen Zustand übergeführt wären. Andererseits kann man nach geophysikalischen Feststellungen, zu denen vor allem die Erdbebenwellen herangezogen wurden, annehmen, daß das Innere der Erde ein größeres spezifisches Gewicht zeigt als die Außenschale und eine Art von Schichtung besitzt, die sich aus mehreren Schalen verschiedener Dichte zusammensetzt (Abb. 11). Während das spezifische Gewicht aller an der Erdoberfläche bekannten Gesteine 2,6 ist, d. h. 2,6mal schwerer als ein gleich großes Volumen Wasser, beträgt das Gesamtgewicht der Erde 5,6. Daraus kann man folgern, daß im Innern sich Gesteine befinden, deren Dichte 8 oder 10 beträgt. Man nimmt deshalb jetzt an, daß sich unter einer Silikathülle (*Sial* = Silicium-Aluminium-Gesteine), die bis 120 km hinabreicht, die Eklogitschale (Gesteine vorwiegend aus Granat und Olivin) mit komprimierten Silikaten, die man früher auch oft als *Sima* (Silicium-Magnesium-haltige Gesteine) bezeichnete, liegt. Von 1200 bis 2900 km Tiefe folgt eine Schicht von Metalloxyden und Metallsulfiden und in der größten Tiefe ein *Eisenkern* von ca. 8-facher Dichte mit 10% Nickelgehalt (Nickeleisenkern).

Daraus wird man auch schließen dürfen, daß die Wärmezunahme nur für die Außenzone Geltung hat und in der Tiefe Temperaturen von 3000 Grad kaum überschritten werden. Auch eine Wärmeabnahme und damit Schrumpfung der Erde findet wohl nicht in dem Maße statt wie vielfach behauptet wird, da die naturgemäß stetig fortschreitende Abkühlung durch die Wärmeabgabe radioaktiver Stoffe wesentlich verlangsamt wird. Demnach läßt sich nur aussagen, daß das Erdinnere heiß, dicht, starr und aus Schwermetallen zusammengesetzt ist. Dasjenige, was die Gesteinskunde zu untersuchen vermag, gehört alles den obersten Schichten des Sial und Sima an. Die Bewegungen aber, die wir an der Oberfläche feststellen, ebenso wie die vulkanischen Ausbrüche und die Erscheinungen der Erdbeben, müssen wir von elastischen und plastischen Zwischenzonen, zwischen den einzelnen Erdschalen, ableiten. Die wichtigste dieser Grenzflächen liegt in

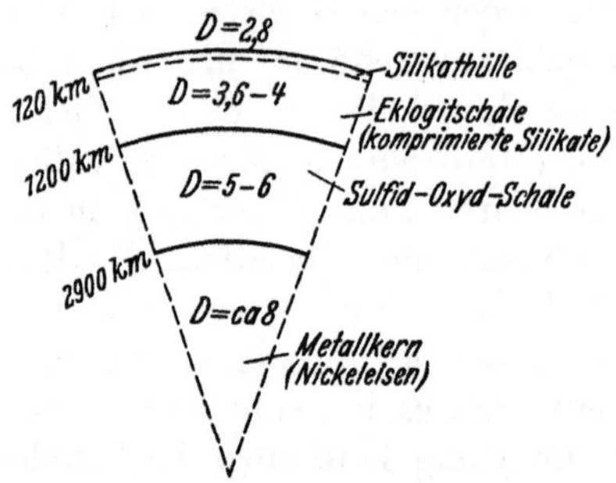

Abb. 11. Ein Ausschnitt der Erdkugel mit mutmaßlicher Gliederung nach der Tiefe. Nach Born aus v. Bubnoff. Die oberste Kontinentalschicht ist nicht ausgeschieden, dagegen wird unter der Ausgleichsfläche der oberflächlichen Schwereunterschiede (120 km) eine Schale stark komprimierter Silikate angenommen. Eklogit=dichtes Gestein mit den Hauptbestandteilen Granat und Olivin.

50 bis 60 km Tiefe (Abb. 12), eine weitere 120 km tief, wie sich aus dem Weg der Erdbebenwellen ergibt.

2. Geologische Zeitfragen.

Schichtenmächtigkeit und Alter. Man teilt die Aufeinanderfolge der Erdgeschichte wohl in eine Urzeit, Altzeit und in Mittelalter und Neuzeit ein, wobei Parallelen mit der

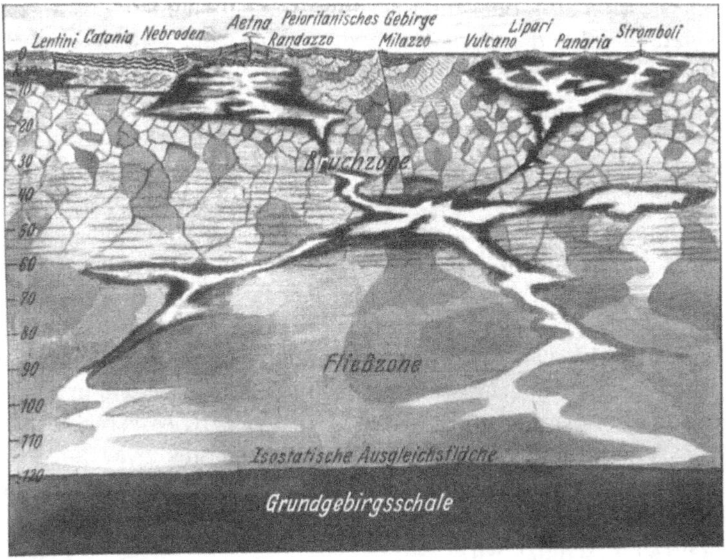

Abb. 12. Gliederung der magmatischen und plastischen Zonen der obersten Erdschicht (bis 120 km, s. Abb. 11) in ihrem Zusammenhang mit Gebirgsbau, Erdbeben und Vulkanismus. Querschnitt durch Ätna und Liparische Inseln. (Nach A. Sieberg.)

Menschheitsgeschichte naheliegen. Dadurch sagt man nur aus, daß eine Schicht älter ist als die andere, und ordnet die *relativen Beziehungen* der Schichten untereinander (s. Formationstabelle). Um welche Zeiträume es sich dabei aber handelt, davon können wir uns nur annähernd eine Vorstellung machen. Es ist deshalb durchaus berechtigt, wenn in bezug auf das Alter der Formationen der Astronom Herrschel einmal sagte: „Die Geologie folgt nach der Größe und Erhabenheit der Gegenstände, von denen sie handelt, in der Reihenfolge der Wissenschaften, ohne Zweifel sogleich auf die Astronomie."

Auf verschiedene Weise hat man versucht, einen Maßstab in den Ablauf des ungeheuren Geschehens, das sich in der Form der kurzen Tabelle für uns zusammendrängt, einzuführen. Die *Mächtigkeit der Schichten* allein genügt nicht, da sie ja nicht nur ein Ergebnis des Zeitenablaufs, sondern auch oftmals der Senkungen des Ablagerungsraumes ist. So hat man für die Ablagerung der durchschnittlich 25 m mächtigen lithographischen Schiefer des Weißen Juras von Solnhofen in Franken einen Zeitraum von 500 Jahren, für den gesamten Weißen Jura in Württemberg einen solchen von 3000 Jahren errechnet. Die gesamte Jurazeit müßte man demnach auf etwa 100000 Jahre schätzen. Abgesehen davon, daß einzelne Schichten an verschiedenen Orten ganz wechselnde Mächtigkeiten aufweisen (z. B. Kambrium in Neufundland 220 m, in Nevada 2400 m), wird man in Rechnung zu setzen haben, daß die Aufeinanderfolge der Schichten auch große Unterbrechungen, durch Trockenzeiten und Perioden der Abtragung, aufweist. Nur so wird es verständlich, daß die Schichtablagerungen der Jurazeit uns zwar nur Gesteine von 100000 Jahren überliefern, daß diese Erdperiode, nach anderen Methoden, aber auf eine Länge von 3 Millionen Jahren geschätzt wird.

Würde man in dieser Weise alle geologischen Schichten der Erdoberfläche ihrer Mächtigkeit nach messen und aufeinanderlagern, so ergäbe sich ein Schichtenstoß von 75 bis 100000 m; freilich ist kein einziger Querschnitt vorhanden, der auch nur annähernd einen Teil davon tatsächlich übereinander zeigte. Man ist demnach, sowohl was Alter wie Mächtigkeit der Schichten anlangt, nur auf Vergleiche und z. T. Vermutungen angewiesen; daraus ergibt sich für uns, daß diese Methode nirgends zu einer genaueren Altersbestimmung der Erdzeiten und Erdschichten ausreicht.

Im allgemeinen gibt es aber doch einen Anhalt, wenn man feststellt, daß, allein nach der Mächtigkeit der Schichtbildungen, der Verlauf der Urzeit zum Altertum, Mittelalter und zur Neuzeit sich wie 50:12:3:1 verhält und daß z. B. die Dauer des Paläozoikums oder Altertums viermal so lange gewesen ist wie die darauffolgende Mittelzeit des Mesozoikums. Daß man für einige Wechselschichtungen der Salzlager und diluvialen Blocklehme (Abb. 13) auch an einen *jahreszeitlichen Wechsel* gedacht hat, wurde schon erwähnt. Es gibt aber auch eine Reihe von Altersberechnungen, die man nach

Abb. 13. Eiszeitliche Bändertone der „Sandgrube" von Upsala (Schweden) an den eiszeitlichen Schmelzwasserablagerungen des großen Upsala-Sandrückens (Os). 1910.

der Dauer der erodierenden Arbeit des Wassers aufstellte. So hat der Niagarafall die 11,3 km lange Schlucht vom Ontariosee an seit dem Abschmelzen der Gletscher ausgenagt. Anfangs war der Fall nur 11 m hoch und die jährliche Rückwärtsverlagerung betrug 12 cm. Jetzt wandert der 50 m hohe Fall jährlich um 1,37 m zurück. Im ganzen gebrauchte er demnach 30000 Jahre zur Erosion seines Bettes, und ebenso lang wird es dauern, bis die Schlucht den oberhalb gelegenen Eriesee erreicht haben wird.

Der Rückzug des Inlandeises und die Dauer der Eiszeit. Im einzelnen ist sonst eine absolute Zeitfeststellung aus älteren Schichten heraus nicht möglich. Ebenso unsicher ist eine Berechnung des Alters nach dem Salzgehalt der Meere, wodurch man zu einer Dauer der Erdgeschichte von 360 Millionen Jahren kam. Dagegen gelang, für die jüngsten Schichten der Eiszeit, den schwedischen Geologen eine Berechnung, die aus den Schichten der glazialen Bändertone Schwedens (Abb. 13) jahreszeitliche Schwankungen nachwies und daraus, für den Rückzug des Inlandeises von Schonen bis zum Hochgebirge Lapplands, eine Zeit von 10 bis 12000 Jahren ergab. Es würde sich in diesem Fall dann tatsächlich um eine Art von Jahresringen oder -schichten handeln. Von dieser Zeit entfallen auf die Gotische Eiszeit 3000 Jahre und auf die Finnische Eiszeit 2000 Jahre. In gleicher Weise errechnete Keilhack für die 200 Dünen an der Swinepforte (von denen sich in den letzten Jahrhunderten jeweils in 35 Jahren eine gebildet hat) 7000 Jahre, ebenso Albert Heim für die Ablagerungen des Aare- und Lütschinendeltas zwischen Thuner und Brienzer See 15 bis 20000 Jahre Absatz. Einen größeren Zeitraum umfaßt die Berechnung Milankowitschs der Schwankungen der Sonnenstrahlung in den letzten 650000 Jahren, aus denen man nachwies, daß in dieser Zeit diluvialer Vereisung 11 Kälteperioden einander ablösten. Diese wurden dann auch mit den Perioden der Abtragung und Ablagerung der eiszeitlichen Flußterrassen in Verbindung gebracht, aus denen es sich unter anderem ergibt, daß die ältesten in Europa, während der Eiszeit, auftretenden Menschen (Homo Heidelbergensis) vor etwa 550000 Jahren, der dem Neandertaler verwandte Mensch von Ehringsdorf bei Weimar vor mehr als 140000 Jahren gelebt haben müssen (Abb. 49).

Physikalische Berechnung der Erdzeitalter. Noch weiter zurück greifen die Berechnungen des Alters einzelner Gesteine, die die physikalische Chemie nach dem Atomzerfall uran- und thorhaltiger Mineralien festgestellt hat. Das Uran z. B. zerfällt durch radioaktive Abbauprozesse in eine Reihe neuer Elemente, wie Uranblei und Helium. Bei diesem Umwandlungsvorgang, der sich weder beschleunigen noch verlangsamen läßt, entsteht aus einem Gramm Uran in jedem Jahr $1{,}27 \cdot 10^{10}$ Gramm Uranblei. Wenn also in einem uranhaltigen Gestein, dessen geologisches Alter wir kennen, eine bestimmte Menge Blei und Helium vorhanden ist, so kann man daraus die Zeit berechnen, die für den Atomzerfall zur Verfügung stand. Danach wurde das Alter einzelner Formationen (in Millionen Jahren) wie folgt festgestellt. Es liegen zurück:

Pliozän . . .	1,6	Oberkarbon	320
Miozän . . .	6	Devon . . .	340
Alttertiär . .	25—26	Silur	450
Algonkium .	1200—1300		

Das heißt so viel, daß seit den ersten Lebensspuren auf der Erde etwa eine Milliarde Jahre verflossen sind.

Trotzdem wir noch vor wenigen Jahren mit solchen Ziffern rechneten, fehlt uns doch jeglicher Maßstab für das Erfassen der Größenordnung dieser Zahlen, und man vergegenwärtigt sich kaum, daß seit Christi Geburt erst wenig mehr als 1 Milliarde Minuten abgelaufen sind. Auch die folgenden Versuche, eine räumliche Vorstellung für diese zeitlichen Vorgänge zu gewinnen, wird man nur als einen Behelf ansehen können. Gerade für geologische Entwicklungsvorgänge gilt wohl daher das Goethesche Wort: „Du zählst nicht mehr, berechnest keine Zeit und jeder Schritt ist Unermeßlichkeit.“

Man kann sich aber immerhin ein Bild von der Länge solcher Zeiträume machen, wenn man Zeit gleich Entfernung setzt und eine Jahrmillion gleich ein Kilometer. Dann würden die 500 Millionen Jahre seit dem Kambrium der Strecke Stuttgart—Berlin, die Eiszeit den letzten 500 bis 1000 m entsprechen, die 6000 Jahre der Menschheitsgeschichte aber gleich 6 m und ein Menschenleben von 70 Jahren gleich 7 cm zu setzen sein. Für die gleiche Strecke würde eine Schnecke, die 3,1 mm in der Sekunde kriecht, etwa 5 Jahre brauchen. Die Tertiärzeit würde dann den letzten 4 Monaten, die Eiszeit den letzten 2 bis 3 Tagen entsprechen. Könnte man das ganze Entwicklungsbild des Lebens und des Schichtenbaues seit dem Kambrium in einem Film darstellen, von dem ein Einzelbild (von denen 20 in der Sekunde an uns vorüberfliegen) einem Menschenleben von 70 Jahren entspräche, so wäre das ein Filmstreifen von 129 km Länge, dessen Vorführung 100 Stunden erforderte.

Besonders anschaulich ist ein Vergleich, den meines Wissens Ernst Haeckel für die relative Dauer der einzelnen Erdperioden verwandte. Gesetzt, die Dauer der gesamten Erdenentwicklung entspräche den 24 Stunden eines Tages von Mitternacht bis Mitternacht, so würden davon auf die Urzeit 12,5 Stunden (bis 12.30 Uhr mittags) entfallen. Auf das Paläozoikum (Altertum) 8 Stunden (bis 20.30 Uhr abends), auf das Mesozoikum (Mittelalter) etwas mehr wie 2,5 Stunden (bis 23.15 Uhr), und auf das Känozoikum (Neuzeit) 3/4 Stunden (bis 23.58 Uhr); die letzten 2 Minuten entsprächen der Zeit der quartären Eiszeit, davon die letzten 5 Sekunden der geschichtlichen Zeit des Menschen.

3. Revolutionen und Evolutionen in der Erdgeschichte.

Diese Vorstellungen allgemeinverständlicher Art zu vermitteln, erschien hier notwendig, neben den mehr oder weniger exakt errechneten Werten, weil der *Zeitbegriff* für alle geologischen Fragen wesentliche Voraussetzung ist und weil keine Frage so oft gestellt wird wie die nach der *genauen, zahlenmäßigen Altersbestimmung* einer Schicht oder eines Vorganges. Leider können wir diese noch nicht geben, weil selbst die Bestimmung des Alters nach dem Zerfall radioaktiver Substanzen (Helium- und Bleimethode) noch viel zu großen Spielraum offen läßt.

Katastrophentheorie und Aktualismus. Wie aber kommt man zu der Gliederung der Erdgeschichte in einzelne Perioden und Epochen? Die einzelnen Abschnitte einer Formationstafel, mit ihren scharfen Grenzen, geben nur Anhaltspunkte für die Gliederung; tatsächlich sind diese nicht immer so deutlich, und an vielen Stellen sind Übergangsglieder und auch Zwischenschichten vorhanden. Die Geschichte der Erde zeigt einen ständigen Wechsel von Werden und Vergehen.

Lebensgemeinschaft und Lebensbezirke lösen einander ab; Kontinente und Inseln tauchen auf und sinken wieder in die Tiefe; Gebirge wölben sich auf, und Meere treten über ihre Ufer und wandern. Ruhige Abschnitte wechseln mit solchen stärkerer Umwandlung und Veränderung. Durch sie beeinflußt ist der Wechsel der Gesteine und ebenso abhängig davon das tierische und pflanzliche Leben.

Zeiten konzentrierter Entwicklung und schnellerer Aufeinanderfolge der Ereignisse bilden die *Grenzscheiden der Zeitalter;* Wechsel der Gesteinsbeschaffenheit und das Auftreten und der Wechsel der organischen Lebensgemeinschaften charakterisieren die Grenzen der *Epochen.* Alle Gliederung aber wird beherrscht von der Bewegung der Erdräume, vom Auf und Ab der Schollen, die, gleich den Atemzügen eines lebendigen Wesens, uns das Leben und die Entwicklung der Erde anzeigen. So fallen die äußeren Veränderungen der Erdoberfläche mit denen der Lebensbezirke zusammen und haben einen Einfluß auf die Kreisläufe des Entstehens und Vergehens.

Diese Auffassung von der Entwicklung und des Lebens der Erde schließt sich der Auffassung an, die der schottische Geologe James Hutton schon im Jahre 1785 äußerte, wenn er sagt: „Ich nehme die Dinge, wie sie gegenwärtig sind, und schließe aus ihnen, wie es einst gewesen sein muß." Der Thüringer Staatsmann und Geologe Karl Ernst Adolf von Hoff, ein Zeitgenosse Goethes, und der Engländer Charles Lyell sind ihm darin gefolgt. Auf sie geht die Auffassung zurück, die man heute als „*Aktualismus*" bezeichnet. Anderer Meinung war der französische Anatom Georg Cuvier, der mit seiner Katastrophen- oder „Kataklysmentheorie" den Begriff der kurzfristigen und *episodischen Revolutionen* in die Erdgeschichte einführte und den gesunden Entwicklungsgang, sowohl geologischer wie paläontologischer Erkenntnis, damit auf fast ein halbes Jahrhundert hemmte. Die scharfen Trennungsstriche unserer Formationstabellen und manche überflüssigen Trennungen in der Systematik fossiler Lebensformen, die bis vor kurzem üblich waren, sind ein Erbe aus dieser Zeit. Besonders durch seine Schüler erfuhr diese Lehre eine Übertreibung, die bis zu 27 sich immer wiederholende, neue Schöpfungsakte im Laufe der Erdgeschichte und eine darauffolgende Vernichtung der Faunen durch äußere Ereignisse annahmen, wodurch die Sintflutsage der Bibel eine gewisse wissenschaftliche Begründung erhalten sollte.

Kreislaufvorgänge in der Erdgeschichte. Tatsächlich haben sich, in der Geschichte der Erde, manche Ereignisse in periodischem Wechsel wiederholt und zu Zeiten auch gehäuft, so daß der regelmäßige Ablauf der *ruhigen Evolutionen* des Bodens eine Unterbrechung erfuhr. Neben der eruptiven Tätigkeit und den Faltungszeiten der Erde, die mit Zeiten relativer Ruhe wechselten, waren auch die Meeresablagerungen einem regelmäßigen *Rhythmus* unterworfen. Zwischen Eiszeiten und Vulkanismus einerseits und Eiszeiten, den Kohlenlagern, als Vertretern subtropischer Sumpfwälder, und Gebirgsbildung andererseits bestehen Verbindungen, die besonders in Karbonischer und Tertiärer Zeit, an der Grenze der großen Erdzeitalter, hervortreten. Svante Arrhenius hat dafür den Kohlensäuregehalt der Luft, der in Zeiten starker vulkanischer Tätigkeit zunimmt, verantwortlich gemacht und damit einerseits die periodische Steigerung des Pflanzenwuchses, der uns in den kohleführenden Schichten erhalten ist, und andererseits, bei Abnahme des Kohlesäuregehalts, die Abkühlung der Erde und das Auftreten von Glazialablagerungen zu erklären versucht.

So häufen sich an der Grenze der älteren und mittleren Erdepoche (Paläozoikum — Mesozoikum) Zeiten der plutonischen und vulkanischen Gesteinsausbreitung (Granite im Karbon, Porphyre, Melaphyre usw. im Perm), der Kohlenbildung in der Steinkohlenzeit und darauffolgende Zeiten der Vereisung (auf der Südhalbkugel) in der permischen Periode. Vorangegangen ist allen diesen Ereignissen die Faltenbildung der europäischen Mittelgebirge usw. in der Steinkohlenzeit. Das gleiche wiederholt sich an der Grenze der mittleren und neueren Epoche (Mesozoikum — Känozoikum) zwischen Kreide- und Tertiärzeit. Zuerst die Gebirgsfaltung der alpinen Gebirge, die Eruption der Basalte und Phonolithe und in der Tiefe das Aufdringen der jüngeren Granite. Es folgt die Zeit der üppigen Braunkohlenwälder und schließlich die diluviale Eiszeit. Ist auch diese Häufung solcher Ereignisse an gewissen Zeitwenden, die auch für die Entwicklung des organischen Lebens bestimmend sind, auffallend, so sind doch nur die *Zusammenhänge zwischen Vulkanismus und Gebirgsbau* sicher erwiesen; denn beide sind auf die gleichen Ursachen, nämlich Druck und Zug innerhalb der aktiven Zone der Erde zurückzuführen.

Diskordanz und Transgression. Die Gebirgsbewegungen sind es auch, die, besonders einschneidend, die Ablagerung der Schichten und ihren Wechsel beeinflußt haben. Dies läßt sich am besten an dem Beispiel der Bohlenwand bei Saalfeld i. Thür. erläutern (Abb. 14). Wir sehen dort ein

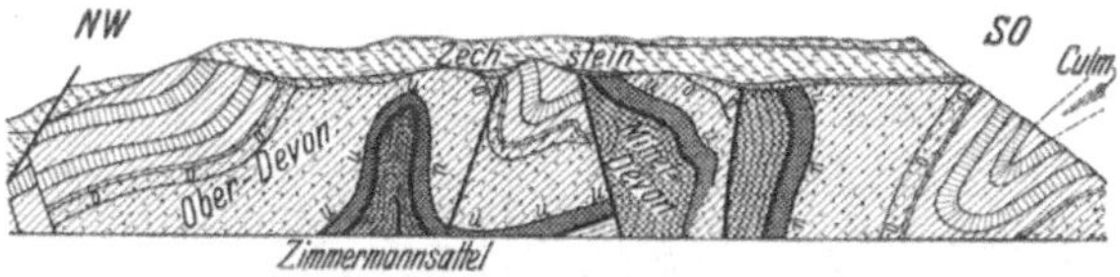

Abb. 14. Bohlenwand bei Saalfeld i. Thüringen. Profil einer ungleichförmigen Lagerung (Diskordanz und Transgression) des Zechsteins über den gefalteten Gesteinen des Devons und Kulms (Varistische Faltung).

gefaltetes Gebirgsland durch den Lauf der Saale angeschnitten. Sättel und Mulden devonischer und karbonischer Schichten wechseln miteinander ab. Dieses ganze Faltungsbild gehört dem variscischen Gebirge der Karbonzeit an, das wir durch unsere Mittelgebirge von SW. nach NO. verfolgen können. Nach der Faltung sanken die Gebirgserhebungen aber wieder in die Tiefe, so daß das Meer der darauffolgenden Zechsteinzeit, nachdem es die Gesteine abgetragen und die Falten eingeebnet hatte, seine Küstensedimente horizontal darüber absetzen konnte. Dieses Bild erklärt uns daher zwei neue wichtige Begriffe der Erdgeschichte. Das Übergreifen des Meeres auf ein, meist als gefaltetes Gebirge entstandenes, Festland, das langsam wieder unter den Meeresspiegel sinkt, bezeichnet man als *Transgression;* die ungleichförmige Lagerung der horizontalen, jüngeren Schichten, über den aufgerichteten und gefalteten Gesteinen des Untergrundes, aber als *Diskordanz*. Diskordanz ist meist ein Folgezustand eines solchen Übergreifens jüngerer Meere, aber eine Transgression braucht nicht überall als Diskordanz erkennbar zu sein. Darin liegt die Bedeutung des oft besuchten und in allen Lehrbüchern dargestellten Gebirgsquerschnittes, daß hier beide Erscheinungen in fast klassischer Form auftreten und einander bedingen. Diskordanzen werden damit zu Trennungsfugen der Erdzeitalter. Aus ihrer Häufung und Wiederholung läßt sich daher der Entwicklungsgang des Bodens ableiten.

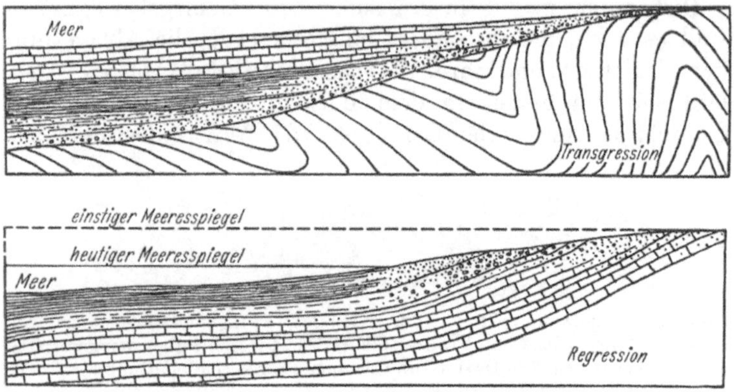

Abb. 15. Schichtenlagerung bei Überflutung und Rückflut (Transgression und Regression). Oben Ablagerungen bei einem gegen das Festland vordringenden Meer. Unten Schichtenaufbau und Lagerung bei Rückzug des Meeres. (Nach G. Wagner.)

Orogenese und Epeirogenese. Noch einen andern Grundbegriff geologischen Denkens können wir von diesem Profilschnitt des Bohlens ableiten. Zwei Bewegungen haben zur Gestaltung beigetragen, die Faltung der älteren Schichten und das Hinabsinken des Gebirgssockels unter den Spiegel des Zechsteinmeeres. Die erste Bewegung der Faltung muß, wie die Biegung der Schichten erkennen läßt, unter gewaltigem Druck und starker Belastung ein mehr episodisches Ereignis gewesen sein. Man spricht dann von *Orogenese* oder Gebirgsbildung und orogenetischen Bewegungen im Gegensatz zu der langsamen Senkung des Bodens und der Schollen, die nichts Revolutionäres an sich hat. Diese allmählichen Bewegungen hat man als epeirogenetisch bezeichnet (epeiron = das Festland) und die damit verbundene Schollenveränderung als *Epeirogenese*. Wenn wir in diesem Kapitel von Revolutionen und Evolutionen sprechen, so gehört die Epeirogenese zu den *Evolutionen*, die Orogenese aber zu den *Revolutionen*. Wir werden später noch einmal näher auf diese Begriffe eingehen müssen, wenn wir uns dem Wachsen der Berge zuwenden.

Faltungsperioden der Erde. Hier ist es aber für uns wichtig, daß solche orogenetischen Bewegungen nicht nur ein oder zweimal die Erdoberfläche umgestalteten, sondern in vielfacher Folge, immer wieder abgelöst von den ruhigeren Zeiten epeirogenetischer Schollenveränderung. Früher war man geneigt, für den Bau Europas, neben den Faltungen in ältesten, vorkambrischen Zeiten, vor allem drei Bewegungsepochen anzunehmen (Abb. 16). Die älteste im Silur, die vor allem in Schottland und Skandinavien erkennbar ist, hat man nach den alten Bewohnern Schottlands die *Kaledonische Faltung* benannt. Für den Bau Mitteleuropas und vor allem der deutschen Mittelgebirge ist die *variscische Faltung* in der Karbon- und Permzeit von Bedeutung, die ihren Namen nach den einstigen Bewohnern des Vogtlandes (Curia variscorum = Hof in Bayern) trägt. Dazu kommt noch die *alpine Faltung* in der Kreide und im Tertiär, durch welche die heutigen Hochgebirge der Erde entstanden.

Neuerdings hat man aber festgestellt, daß diese Einteilung keineswegs genügt und daß diese Gebirgsbewegungen nicht nur einmalige, revolutionäre Veränderungen der Festlandsgebiete darstellen. Sie lassen sich vielmehr in einzelne Schwankungen und Bewegungsphasen gliedern, so daß man jetzt sogar deren 32, im ganzen Verlauf der Erdgeschichte, unterscheiden kann. Diese Orogenesen wechselten mit langsameren Schwankungen der epeirogenetischen Veränderungen, die sich auch noch in nachalpiner Zeit in unseren Gebirgs- und Küstenländern bis zum heutigen Tage feststellen lassen; wenn auch die zahlenmäßige Messung solcher Veränderungen nur verschwindend geringe Werte, innerhalb der kurzen Menschheitsgeschichte, aufzustellen erlaubt. Im Gegensatz zu diesen geringen Schwankungen der Jetztzeit weisen auch die orogenetischen Zonen noch Folgeerscheinungen auf, die sich in den seismischen Erschütterungen (Erdbeben) vor allem bemerkbar machen.

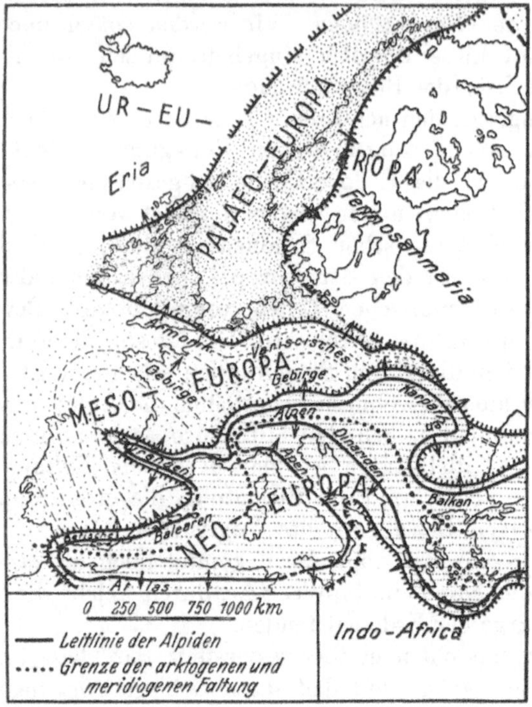

Abb. 16. Der Aufbau Europas und die von Norden und Süden sich folgenden Faltungszonen. (Nach Stille.) Nördlich von Alt-(Paläo-)Europa die kaledonischen Gebirge, in Meso-(Mittel-)Europa das variskische und armorikanische Gebirge und im Süden (Neo-Europa) die alpinen und Mittelmeergebirge.

Eine solche Gliederung in 32 orogenetische Bewegungsphasen ist aber immer nur durch die Lagerungsform, und zwar durch die ungleichförmige der *Diskordanzen* möglich. Die Diskordanzen sind also die eigentlichen *Wegweiser für Gebirgs- und Schollenveränderungen,* und sie sind es auch, die uns die Einteilung und Trennung der einzelnen

Formationen und Formationsgruppen anzeigen. Wir können demnach die anfangs gestellte Frage noch eingehender dahin beantworten, daß, für die Gliederung der Schichten, die orogenetischen Vorgänge vor allem von Wichtigkeit sind, die sich uns wiederum in der ungleichförmigen Lagerung der Diskordanzen bemerkbar machen. Erst in zweiter Linie sind von diesen Diskordanzen und den Umständen, die zu ihrer Bildung führten, die Veränderungen der Gesteine, die Ablagerungsräume der Meere und damit die Verteilung von Wasser und Land abhängig. Begreiflicherweise wird, von solchen einschneidenden Veränderungen der Erdoberfläche, auch die Verteilung der Meeresräume betroffen, und das organische Leben paßt sich den veränderten Räumen an. Demnach können wir auch den Faunenwechsel, ebenso das Verschwinden und Neuerscheinen mancher Tiergruppen, mit solchen Veränderungen in Verbindung bringen.

So kann man Berge und Gebirge in ihrer Bewegungsäußerung, auch wenn keine anderen Spuren als Diskordanzen geblieben sind, doch als die eigentlichen Zeitwerte für die Geschichte der Erde ansehen, da von ihnen aus auch aller sonstiger Wechsel beeinflußt wurde. Der von den Gebirgsbewegungen angegebene *Rhythmus* hat demnach den Gang der Erdgeschichte bestimmt; und „der Rhythmus ist die Harmonie des Wechsels".

Um das Wort Revolution zu vermeiden, das etwas anscheinend Plötzliches und Unvermitteltes zum Ausdruck bringt, spricht man auch von episodischen Diastrophen oder Paroxysmen, d. h. Zeiten gesteigerter Lebensäußerung, durch welche die Kreisläufe des Geschehens gezwungen werden, ihren Entwicklungsgang aufzufrischen und von neuem zu beginnen. Es sind vorübergehende Zeiten der Umwälzung, die aber weder räumlich begrenzt noch in einer regelmäßigen Folge erkennbar sind. Zusammen mit dem *zyklischen Verlauf der Erdgeschichte,* den wir vor allem in den regelmäßigen Schichtbildungen der Meere erkennen, und mit der rhythmischen Folge oder den *Großkreisläufen,* die sich im Wechsel der mehrfach wiederholten Gebirgshebungen, Eruptionsperioden, Kohlenablagerungen, Eiszeiten usw. abrollen und dem

Gang des Werdens folgen, wie Ebbe und Flut, geben aber diese Diastrophen den Gang des Erdgeschehens an. *Nur an diesen Zeigern der Weltenuhr sind die Phasen der Geschichte unserer Erde abzulesen.* Das äußere Abbild aber der „Revolutionen" oder Diastrophen sind die Diskordanzen, die die Grenzen der Epochen und der großen Weltzyklen angeben.

Der Rhythmus der geologischen Ereignisse. Das Sein entspricht einem Zustand des Gleichgewichts und das Werden und Vergehen einer Störung dieses Gleichgewichts. In der Geschichte der Erde war dieser *Gleichgewichtszustand* zwischen Kraftäußerungen der Erde und den Ablagerungen der Schichten nur selten erreicht. Durch den unablässigen Wechsel der Erscheinungen, und dadurch stets neu beginnende Kreislaufvorgänge, wurde dieser immer wieder gestört. Dies sehen wir am besten, wenn wir noch kurz einen Blick auf die Folge der geologischen Ereignisse und die Veränderungen des organischen Lebens werfen.

Vulkanismus. Beginnen wir mit den Erscheinungen, die wir zur *Allgemeinen Geologie* zusammenfassen, so können wir, neben den schon genannten Gebirgsbewegungen und in Verbindung mit ihnen, auch die magmatische und *eruptive Tätigkeit* des Erdinnern nennen. Wir sehen da Zeiten gesteigerter Bewegung, wie die Deckenergüsse der Grünsteine und Diabase im Devon und die großen, in der Tiefe entwickelten plutonischen Massen der Lakkolithen und Batholithen mit granitischen Gesteinen im Karbon. Diese stehen zur karbonischen Gebirgsbildung in engster Beziehung, ebenso wie die Porphyrdecken der permischen Zeit zu deren Folgeerscheinungen gehören. Nach einer Zeit verhältnismäßiger Ruhe im Mittelalter zeigt die Tertiärzeit ein merkliches Aufleben der vulkanischen Tätigkeit, die durch die Basalte, Phonolithe und Trachyte weitgehende Bedeutung erlangt.

Klima. In gleicher Weise, an die Festlandsmassen und ihre Randgebiete gebunden, sind auch Erscheinungen, die auf klimatische Faktoren zurückgeführt werden müssen (Abb. 17). Wir kennen eine Reihe von Ablagerungen, die uns die extremen Einwirkungen warmer und kalter Zonen vor Augen führen. *Eiszeiten* hat es lange schon vor dem Diluvium gegeben. — Die ältesten in vorkambrischer Zeit, wo Moränenreste aus Norwegen, China und Südaustralien bekannt sind. Weit verbreitet war die Permische Eiszeit, hauptsächlich auf der Südhalbkugel (Indien und Tarimbecken, Australien, Südafrika und Südamerika). Bis zur Tertiärzeit scheint dann eine gleichmäßige Verteilung des Klimas und von der Jurazeit an, in gleichem Wechsel der Jahreszeiten wie heute, geherrscht zu haben; wenigstens deuten die Jahresringe der aufgefundenen Baumreste darauf hin. Während der ganzen Tertiärzeit sank die Temperatur dann in auffälliger Weise, um in der

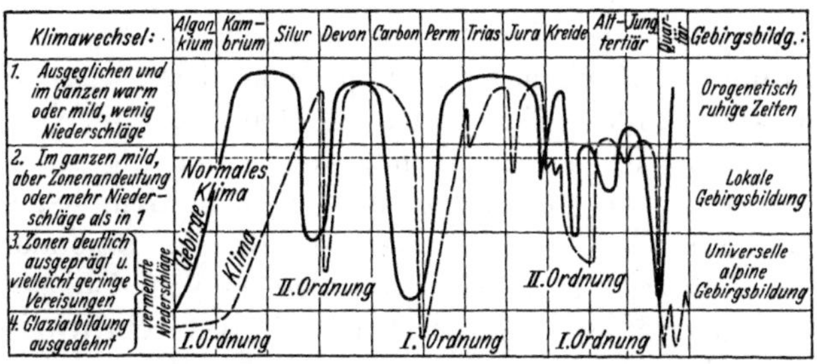

Abb. 17. Klima und Gebirgsbildung in der geologischen Vergangenheit (zusammengestellt n. Dacqué). Die Kurven zeigen die Übereinstimmung der Klimaschwankungen mit den Phasen der Gebirgsbewegungen.

diluvialen Vereisung der Nordhalbkugel ihren Tiefstand zu erreichen.

Für *warmes Klima* sprechen eine Reihe anderer Tatsachen, so besonders *Wüstenbildungen* und Verwitterungsprodukte aus Trockengebieten, ebenso die Verbreitung der *Kohlen-* und *Salzlager*. Zwar kennen wir Salzlager, die zu ihrer Bildung ein trockenes Klima voraussetzen, ebenso wie die in einem warmen, aber feuchten Klima gebildeten Kohlenlager aus fast allen Zeiten der Erdgeschichte, doch scheint, während einiger Perioden, eine besondere Steigerung des Pflanzenwuchses und damit der Kohlenbildung eingetreten zu sein. Es sind dies in Europa vor allem die Steinkohlenbildungen im Karbon und Perm und die Braunkohlenlager der Tertiärzeit. Auch diese stehen in enger Beziehung zu den vorausgegangenen Gebirgsfaltungen, an deren sinkende Ränder sie gebunden zu sein scheinen. Ob der *Wechsel warmer und kalter Zeiten* auf äußere Ursachen (Entwicklungsgeschichte der Sonne, Polverlagerung usw.) zurückzuführen ist oder nur von der Form und Verteilung von Wasser und Land, seiner Höhenlage und den Meeresströmungen abhängig ist, scheint noch strittig zu sein. Für die Lebensgeschichte der Erde und ihrer Bewohner ist aber die Tatsache der *klimatischen Differenzierung*, auch in der Vorzeit, von größter Bedeutung. Durch sie wird auch die Schichtbildung, am Boden und Rand der Meere, nicht unwesentlich beeinflußt.

Wirbeltiere. Am ausgesprochensten läßt sich ein *Entwicklungsgang* bei den *Formen organischen Lebens* erkennen, die in die Erdschichten eingebettet liegen. Die fortschreitende Entwicklung aller Tierklassen im Lauf der geologischen Zeitrechnung ist so auffallend, daß sogar die Ergebnisse paläontologischer Forschung mit zu den Grundlagen der Abstammungslehre gezählt werden können. Besonders bei den Wirbeltieren tritt dieser Werdegang von den einfacheren zu den höher organisierten, und das schrittweise Erscheinen der einzelnen Gruppen nach der Reihenfolge ihres entwicklungsgeschichtlichen Zusammenhanges, deutlich hervor. Zuerst erscheinen die Fische im Silur und Devon, und zwar plattengedeckte Panzerfische. Im Karbon folgen die Amphibien und kurz darauf die *Reptilien*, die an der Grenze gegen das Mittelalter erscheinen und, der Mehrzahl nach, mit seinem Ende wieder verschwinden. Das Mittelalter oder Mesozoikum stellt auch die Blüte dieses Stammes dar, der eine Fülle z. T. riesiger Formen (Dinosaurier) hervorbringt. In der Kreidezeit beginnt die Entwicklung der Vögel, und erst, nach der scharf ausgeprägten Grenze gegen die Neuzeit, breitet sich im Tertiär, als höchste Gruppe, die der *Säugetiere* aus, deren erste Vertreter wir aber bereits aus der oberen Trias kennen[1].

Wirbellose Tiere. Auch die wirbellosen Tiere zeigen uns wertvolle Reihen durchlaufender und teilweise ununterbroche-

---

[1] Vgl. E. Dacqué, Das fossile Lebewesen. Verständliche Wissenschaft Band 4. Julius Springer 1928.

ner Entwicklung, durch lange Zeiträume hindurch; während sich eine Reihe von langlebigen Formen von den ältesten Zeiten bis auf den heutigen Tag erhalten hat. Das Material ist, trotz aller Bereicherung und Vervollständigung in den letzten Jahrzehnten, doch immer noch so *lückenhaft*, daß es nicht genügt, um ein abgerundetes und zusammenhängendes Bild der Lebensentwicklung in der Vorzeit zu entwerfen. Meist lassen sich solche Zusammenhänge nur für einzelne Formationen oder eine der großen Epochen nachweisen. Es ist jedoch eine auffallende Erscheinung, daß, sowohl bei Wirbeltieren wie bei Wirbellosen, die großen Zeitabschnitte Altertum, Mittelalter und Neuzeit eine wesentlich verschiedene Vergesellschaftung aufweisen.

Faunenwechsel im Lauf der Erdgeschichte. An den *Grenzen dieser Epochen* verschwinden ganze Stämme, andere zeigen starke Umwandlungen und wiederum andere erscheinen ganz neu. Mag es sich hier um eine Vernichtung dieser Lebenskreise oder nur um ein Abwandern in andere Meeresräume handeln, so steht doch das eine fest, daß dieser Wechsel wesentlich bedingt ist durch Veränderungen und Verschiebungen im Verhältnis von Wasser und Land, von Ozeanen und Festlandsgebieten. Wir müssen es uns hier versagen, auf Einzelheiten einzugehen, wollen aber nur erwähnen, daß neben den tierischen Formen, die nur für das Altertum (z. B. Tetrakorallen, Graptolithen, Trilobiten) oder das Mittelalter (Ammoniten, Belemniten, Rudisten, Saurier) charakteristisch sind, auch die Pflanzen eine ähnliche Entwicklung aufweisen. An Stelle der altertümlichen Kryptogamenflora der Steinkohlenzeit erscheinen nacheinander Koniferen (Karbon), Sagopalmen und Gingkobäume (Jura) und erst in der Kreide die ersten Laubbäume.

An der Grenze gegen die Neuzeit verändert sich das Weltbild abermals. Der Formenreichtum des Mittelalters mit seiner ganzen Mannigfaltigkeit der Wirbellosen geht nicht über die Grenze des Zeitalters hinweg (besonders Ammoniten und Belemniten). Von den herrschenden Stämmen der Reptilien bleiben nur die heute noch bekannten übrig, während alle anderen Saurier, besonders die Riesenformen, verschwinden. Diese Grenze vom Mittelalter zur Neuzeit gibt uns das größte Rätsel auf, und es ist verständlich, daß, schon zu Cuviers Zeiten, dieser jähe Wechsel Anlaß zu Spekulationen und Vermutungen gab. Daß es sich um Veränderungen der Meeresgrenzen handelt, zeigen uns die verschiedenen Mollusken, die an der Grenze Kreide — Tertiär plötzlich verschwinden. Andere Gruppen mögen in tiefere Meeresräume abgewandert sein, deren Kenntnis uns bisher noch verschlossen ist und wahrscheinlich auch dauernd unbekannt bleiben wird.

Historische Geologie und Paläogeographie. Sowohl die Daten der allgemeinen Geologie wie der Paläontologie zeigen uns Steigerungen und Höhepunkte der Entwicklung. In ihrer Vereinigung geben sie uns das Bild, welches die *historische Geologie* zusammenfaßt. Soweit es sich dabei um die Geschichte der Festländer, Meere und Gebirge und den dadurch bedingten Wechsel von Festlands- und Meeresfaunen handelt, kann man sie auch als Geographie der Vorwelt oder *Paläogeographie* bezeichnen. Von dieser soll im folgenden Kapitel die Rede sein.

Die Gesetze der Entwicklung, wie wir daraus sehen, sind verschieden von denen der exakten Wissenschaften, die allgemeine Gültigkeit haben und von allen anerkannt sind (z. B. Gesetz der Schwere). Bei biologischen Gesetzen ist man darauf angewiesen, sich mit provisorischen Wahrheiten zu behelfen — wie sie der Geograph Ratzel als *Rastvorstellungen* bezeichnete. Alle solche Vorstellungen setzen dem Denken unerlaubte Schranken, engen es ein und täuschen über die gewaltigen Zeiträume. So geht es uns heute mit unserem Wissen vom Aufbau der Erde und der Entwicklung des Lebens.

Wir sehen das Abbild einer uralten Entwicklung, aber selbst was älter und was jünger ist, ist nur ein Begriff nach unserer bisherigen unvollständigen Kenntnis und eine Beschränkung des Zeitbegriffes. Doch nur das Tatsächliche der Beobachtung bleibt unwandelbar, alle Folgerungen aus ihnen dagegen sind der Berichtigung oder wenigstens Vervollkommnung ausgesetzt, wie dies Leonardo da Vinci schon ausgesprochen hat:

„La sperienza non falla mai — ma solo falano i nostri giudizi." In Goethes Übersetzung: „Die Sinne trügen nicht, das Urteil trügt."

Da einer allgemein verbreiteten Erscheinung auch eine allgemeine Ursache zugrunde liegen muß, so drängt sich uns, die wir die Oberfläche der Erde erst geritzt haben, immer wieder die Frage nach den tieferliegenden Gründen erdgeschichtlicher Entwicklung auf. Nur eine dünne Haut der Erdoberfläche steht unserer Beobachtung offen, und aus den kleinen Schrumpfungen und Zuckungen machen wir uns anheisichig, Weltgesetze abzuleiten. Millionen von Lebewesen birgt die Erde aus vergangenen Zeiten in ihrem Schoß, mehr, wie je lebend bekannt geworden. Aber wie wenig kennen wir trotz der hundertjährigen Schürfarbeit seit Cuvier!

Erst ein kleiner Teil der Erde ist wirklich gründlich erforscht. Fast drei Viertel der ganzen Erdoberfläche deckt das Meer, ein großer Teil der Festlandsmassen liegt unter ewigem Eise begraben. Was sich auf dem übrigbleibenden Land im Laufe der Zeit ereignete, läßt sich wohl für gewisse geologische Vorgänge vermutungsweise ermitteln, doch niemals werden wir erfahren, was an organischen Resten unter dem heutigen Meere begraben liegt. Unendliche Rätsel werden sich durch künftige Forschungsarbeit noch lösen lassen, wie es die deutsche Meteorexpedition zeigt (Abb. 21 und 22). Anderes wird sich klären, wenn auch die unbekannten Teile Zentralasiens, der Kongo- und Amazonassümpfe, wie der antarktischen Eiswelt einmal erschlossen werden, so wie sich jetzt der Schleier von Grönlands Küsten zu heben beginnt. Sicher ist auch, daß dadurch, und mit wachsender Kenntnis des erdgeschichtlichen Werdens, uns dieses immer deutlicher den beständigen Fluß auf- und abschwellender Entwicklung zeigen wird. Manche bis jetzt noch anscheinend als Unterbrechung, weil vereinzelt auftretende Erscheinungen werden sich immer mehr, nur als Höhepunkte, in den gesamten Entwicklungsgang einfügen. Der jetzt noch, durch unsere lückenhafte Kenntnis, berechtigte Begriff der Diastrophe, als Umwälzung oder „Revolution", wird dadurch aber immer mehr an Bedeutung verlieren.

4. Geographie der Vorzeit.

„Unausgesetzt wie die Atemzüge eines lebendigen Wesens sehen wir die Erdrinde sich unmerklich heben und senken. Doch haftet die Bewegung nicht am gleichen Ort und spiegelt sich in der Verlagerung der Meere wider.“ Mit diesen Worten hat man den Vorgang, der allen Veränderungen in der historischen Entwicklung der Erde zugrunde liegt, zu charakterisieren versucht. Man hat diese, wie oben schon erwähnt, neuerdings auch unter dem Begriff der *Paläogeographie* zusammengefaßt. Sowie die Paläobiologie heute an die Stelle der paläontologischen Systematik tritt, ist auch die Erdgeschichte nicht ohne paläogeographische Feststellungen zu verstehen.

Mächtige Schollenmassen der Erdrinde sinken, andere werden zusammengestaucht, und tiefe Gräben öffnen sich als Vortiefen der aufsteigenden Gebirge; ihnen folgten die Meere und ihre Fluten. Wenn wir beim Schichtwechsel schon die Überflutungen oder Transgressionen kennenlernten, neben den Rückfluten oder Regressionen, so können wir aus ihnen auch die Verteilung von Wasser und Land in der Vorzeit ablesen. Zeiten besonders starker und weitverbreiteter Meeresüberflutungen zeigen uns Mitteldevon, Mittelkarbon, der Dogger oder Braunjura und die Oberkreide des Cenomans. Auch sie hängen sicher zusammen mit Veränderungen des Bodens und sind, ebenso wie die Regressionen, bedingt durch Einengung und Erweiterung der Meeresräume. In ihrem Wechsel spiegelt sich der ganze Werdegang der Erdgeschichte wider.

Die Kreidetransgression. Besonders wenn wir uns eine solche übergreifende Flut, wie die der mittleren Kreide (Cenoman), ansehen, die im Rheinland und Westfalen die Steinkohlenschichten überdeckt, bei Regensburg, Dresden und in Böhmen, über alten Graniten und Urgebirgsschollen, ihre Sande ablagerte, so bekommen wir einen Begriff von der Ausdehnung solcher Erscheinungen (Abb. 18). Damit noch nicht genug, können wir die gleiche Transgressionsflut auch weltweit verbreitet antreffen, da sie weite Strecken der

Sahara bis zum Niltal und große Flächen Kanadas neben anderen Gebieten überflutete. Es handelt sich in diesem Falle also nicht um lokale, sondern durch allgemeine Ursachen bedingte Veränderungen.

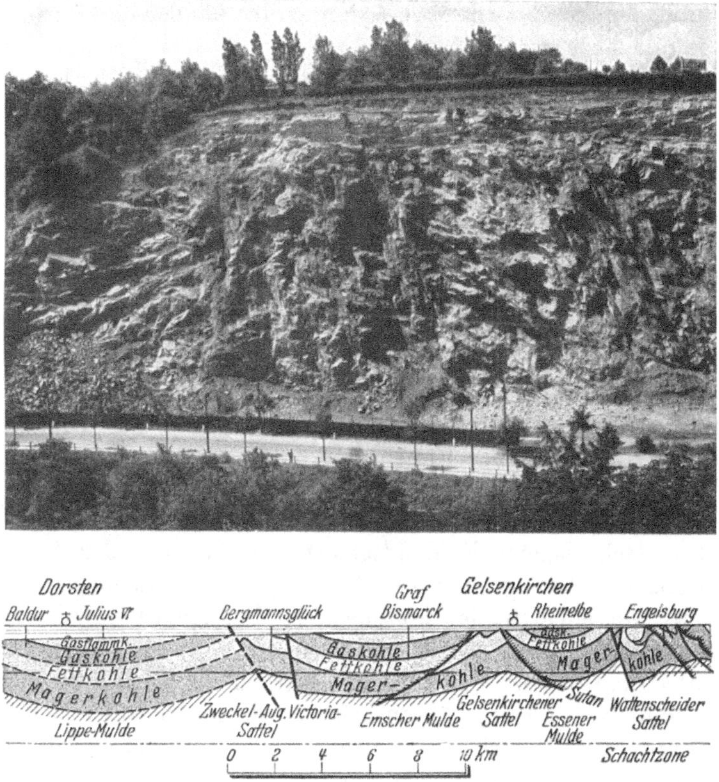

Abb. 18. Die Transgression des Kreidemeeres. (Nach Drevermann.) Oben: Obere Kreide auf Syenit im Plauenschen Grunde bei Dresden. Unten: Obere Kreide auf Steinkohlen des Karbons in Westfalen. (Nach Kayser.)

Aber nicht die plötzlichen und episodischen Erhebungen der Orogenese, die wir im vorigen Kapitel kennenlernten, wirkten dabei mit, sondern die weitgespannten Wellungen der langsamen Festlandsschwankungen der Epeirogenese. Auch diese bewegten sich wiederum verschieden und in kürzeren oder längeren Wellen und Schwankungen, von denen ganze Festlandsräume und Erdteile betroffen wurden, und andererorts wieder nur einzelne Schollen und Inseln. Daher bekommen wir nur langsam ein Bild von diesen Veränderungen, die sich uns erst durch fortschreitende Spezialaufnahme und durch die damit wachsende Kenntnis der Länder und Küsten enthüllen.

Transgressionen und Regressionen. Solche Niveauschwankungen, die man auf die anscheinend stets gleichbleibende Meeresfläche bezieht und die wohl fast überall durch Veränderungen in tieferen Schollen des Bodens entstanden, stellen auch den Hauptinhalt dessen dar, was uns der Schichtenwechsel der Erdgeschichte und seine deutlich erkennbaren Einschnitte zeigen: nämlich eine Folge von Transgressionen (Überflutungen) und Regressionen (Rückfluten), die vielfach in Diskordanzen (Abb. 14) der verhärteten Gesteine ihren Ausdruck finden.

Dadurch können wir den, für jedes historische Verständnis erdgeschichtlich wichtiger Erscheinungen, so bedeutsamen Begriff dieser Fluten jetzt auch näher umschreiben. Unter *Transgressionen* versteht man das, durch Senkung des Bodens verursachte, regionale Übergreifen des Meeres über flachgelagerte Festlandsgebiete, das wir aus der übergreifenden Auflagerung der Schichtgesteine erkennen. Sie treten vor allem in den kontinentalen Randgebieten auf, die immer aufs neue von den Ozeanen aus überflutet wurden. Unter *Regressionen* verstehen wir dagegen das Rückfluten der Randmeere bei Wiederheraushebung einzelner Festlandsteile. Beide Vorgänge gleichen sich gegenseitig aus und stehen in engem Zusammenhang, da Regressionen in einem Gebiet meist Überflutungen in anderen Teilen der Erdoberfläche entsprechen. Häufiger erkennbar sind die Transgressionen durch die übergreifende Lagerung (Diskordanz), oft sehr viel jüngerer Schichten, auf die ältere Unterlage, während Regressionen nur durch Heraushebung, Fehlen von Schichten oder Änderung des Gesteinscharakters sich bemerkbar machen. Ein solcher Rückzug des Meeres blieb daher nur unter besonders günstigen und äußerst selten verwirklichten Umständen für die Beobachtung erhalten (Abb. 15). Auch randliche Transgressionen oder Ingressionen, wie sie F. v. Richthofen nannte, sind, beim allmählichen Übergang von festländischen und küstennahen Ablagerungen zu solchen marinen Charakters, erkennbar. Handelt es sich dabei nur um vorübergehende Schwankungen, so werde sie sich in Wechsellagerung ausdrücken. Bei weitübergreifender Lagerung von Strandbildungen, auf sinkende Küstengebiete, wird auch oft eine Geröllschicht (Transgressionskonglomerat) erkennbar sein.

Abb. 19. Die Küstenplattform Norwegens bei Vaegekallen.

Abrasion des Meeres. Diese Arbeit des gegen das Festland fortschreitenden Meeres kann sich auch so auswirken, daß die Brandungswogen allmählich die Küsten abschleifen und abhobeln. Diese Arbeit der Abtragung hat F. v. Richthofen als *Abrasion* bezeichnet. Bei sinkenden Landflächen können auf diese Weise weite Gebiete und selbst Gebirge abgetragen und eingeebnet werden. Als Beispiel mag die tertiäre bis alttertiäre Küstenplattform Westnorwegens (Abb. 19) und die Umgebung von Helgoland dienen. Für die geologische Geschichte der Festlandsgebiete, und besonders die morphologisch oft erwähnten Einebnungsflächen, hat die Abrasion daher außerordentliche Bedeutung; doch darf man sie gegenüber der festländischen Abtragung (durch Flüsse, Wind usw.) auch nicht überschätzen. Für manche Transgressionen aber die, wie die Kreidetransgression, weite kontinentale Randgebiete überfluteten, hat die Abrasion wohl erst den Weg bereitet.

Permanenz der Ozeane? Diese Betrachtungen haben uns schon gezeigt, daß die heutige Verteilung von Wasser und Land nicht immer so bestanden hat und nicht etwa einen Gleichgewichts- oder Ruhezustand darstellt. Wir müssen vielmehr annehmen, daß ständig Schwankungen, nicht nur in den Küstengebieten, sondern auch auf den weiten Kontinentalflächen stattgefunden haben. Wie die Beobachtungen über sinkende und steigende Küsten des heutigen Tages zeigen, scheinen diese Veränderungen, wenn auch in geringerem Ausmaß, weiterzugehen.

In der geologischen Vergangenheit haben diese Schaukelbewegungen zwischen Land und Meer zeitweilig beträchtliche Ausmaße erreicht, so daß das geographische Weltbild, wie es im Wechsel der paläogeographischen Erscheinungen vor uns abrollt, sich oftmals vollkommen verändert hat. Für kein Kontinental- oder Ozeangebiet der Gegenwart kann man aussagen, daß seine Gestalt und Begrenzung schon aus weiter zurückliegenden Epochen stammt. Zwar hat man für das pazifische Gebiet eine gewisse *Permanenz* angenommen, so daß man zeitweilig von einem Dauermeer sprechen kann. Aber auch dieser Dauerzustand hat nur bedingte Geltung, und die Umgrenzung, selbst dieses größten Weltmeeres, unterlag ständigem Wechsel.

Noch schwerer ist die Trennung von **Dauerland und Wechselland** auf den festländischen Räumen. Das, was wir heute als die Umgrenzung der Kontinente kennen, ist z. T. erst jungen Datums. Allein schon das Beispiel von Europa, das als jüngstes Gebiet sich dem asiatischen Block anfügte, zeigt uns, wie viele Veränderungen noch in der jüngsten Vergangenheit wir annehmen müssen und wie sich das heutige

Kartenbild, z. T. erst nach der diluvialen Eiszeit, herausmodellierte. Die Meeresstraßen und Einbrüche, welche die an Inseln und Halbinseln reiche Gestalt Europas besonders charakterisieren, wie der Sund und Belt, der englische Kanal, die Straßen von Gibraltar und Malta sind ebenso wie Bosporus, Dardanellen und Ägäisches Meer erst in den letzten Erdperioden entstanden.

Wir kennen eine Reihe von Festländern mit anderer Umgrenzung als die heutigen, die eine größere Anzahl von Erdperioden überdauert haben und nur vorübergehend an ihren Rändern überflutet wurden. Ebenso muß man annehmen, daß einzelne Meeresgebiete besonders langen, aber wohl keinen dauernden, Bestand gehabt haben; eines davon war das äquatoriale Mittelmeer der Vergangenheit, das sich zwischen den nördlichen und südlichen Erdteilen hinzog und das man nach der griechischen Meeresgöttin Tethys, der Schwester des Okeanos, als das Tethysmeer zu bezeichnen pflegt.

Paläogeographische Karten. Von den Rändern der ozeanischen Meere gingen die Überflutungen aus, die wir schon kennenlernten und die in enger Beziehung zum rhythmischen Wechsel der Erhebungsvorgänge stehen. Diese Zusammenhänge müssen wir uns stets vor Augen halten, wenn wir paläogeographische Karten vergleichen (Abb. 20). Alle Grenzveränderungen, alle Ungenauigkeiten und Unstimmigkeiten solcher Karten beruhen noch auf dem mangelhaften Material und der Weitmaschigkeit der Folge, in der man solche Karte zu konstruieren vermag. Noch wäre ein Film, der die Entwicklung der Kontinente und Meere uns wiedergeben sollte, auch nicht annähernd genau zusammenzustellen, denn die Lücken sind noch zu breit und manche Übergänge zu ungewiß.

Sind alle diese Veränderungen auch weltbewegend und ganze Kontinente umgestaltend, da im Wandel der Epochen ganze Schollen versinken und andere wieder aus den Meeren auftauchen, so waren sie doch, auf den Erdball bezogen, immer nur *lokaler* Art und vollzogen sich, innerhalb langer Zeiträume, wohl immer nur allmählich. Wo, durch Gebirgserhebungen, dem Meere Raum entzogen wurde, da wurde an anderer Stelle, zum Ausgleich des Wasserspiegels, neue Fläche hinzugefügt. Wo Festländer versanken, erhielt das Meer neuen Raum; und wenn auch die Bewohner des festen Landes an einzelnen Stellen dadurch zugrunde gingen, so boten wiederum neu entstehende *Landverbindungen* die Möglichkeit zur Wanderung und Flucht. Das zeigt uns auch, wie wichtig alle diese paläogeographischen Fragen, für die Entwicklung der Lebensräume und der Lebensgemeinschaften, sind. Es ist deshalb auch schon oben angedeutet worden, daß die beiden neuentstehenden Wissenschaften, der Paläobiologie und der Paläogeographie, in enger Verbindung stehen und daß es heute mit einer schematischen Aufzählung der Schichten, Formationen und der sog. Leitfossilien nicht mehr getan ist[1].

Meere und Kontinente der Vorzeit. Werfen wir daher einen Blick auf die Geschichte der Meere und Kontinente, so ist es notwendig, die Erfahrung voranzustellen, daß wir über die Meeresräume, die durch ihre Schichten und versteinerten Tierreste sich erhalten haben, besser unterrichtet sind als über die Umgrenzung der Festländer, deren Gestalt wir meist nur indirekt ermitteln können. Vielfach sind es nur die gebirgigen Erhebungen, von denen aber erst im nächsten Abschnitt die Rede sein soll, die uns eine solche Festlegung kontinentaler Gebiete ermöglichen.

Man kann die Meeresgebiete, die heute fast $^3/_4$ der Erdoberfläche der direkten Beobachtung entziehen, in Ozeane, Nebenmeere, d. h. Rand- und Mittelmeere und Meerbusen, und Meeresstraßen einteilen. Tiefe, Strömungen und vor allem Ablagerungsvorgänge sind von dieser geographischen Lage abhängig. Auch aus der Vergangenheit gibt das Material der Sedimente und ihrer organischen Reste Aufschluß über die Wanderung der Meeresränder; während sich Meeresströmungen in weiterem Sinn meist nur paläobiologisch werden nachweisen lassen. Aus den Transgressionen und ihrem Verlauf wird man in vielen Fällen auf sie schließen können. Man nimmt solche ja für die weltweite Verbreitung silurischer

[1] Vgl. F. Drevermann, Meere der Urzeit. Verständliche Wissenschaft Bd. 16. Julius Springer 1932.

Graptolithenfaunen, für die Verbreitung von Trias und Jurafaunen im Tethysgebiet und für die Einwanderung östlicher Elemente in das deutsche Zechsteinmeer an. Auch die nordi-

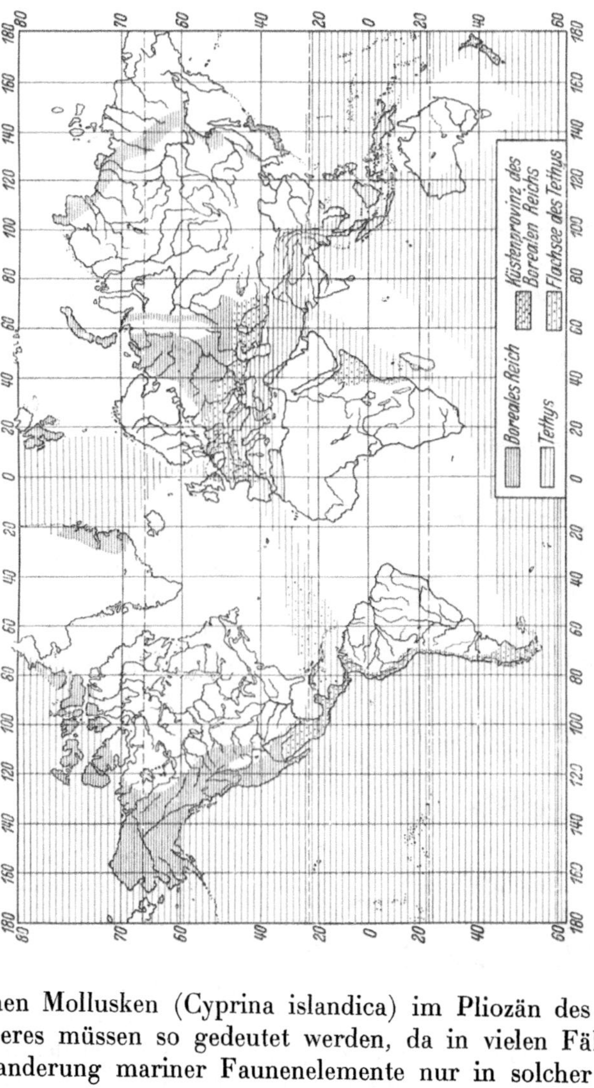

Abb. 20. Das Meer in der Jurazeit. Paläogeographische Karte der Verteilung von Wasser und Land. (Nach Neumayer und Uhlig aus F. Drevermann: Meere der Urzeit.)

schen Mollusken (Cyprina islandica) im Pliozän des Mittelmeeres müssen so gedeutet werden, da in vielen Fällen die Wanderung mariner Faunenelemente nur in solcher Weise, passiv durch Strömung, erklärt werden kann. Daß warme Meeresströmungen — ähnlich wie der heutige Golfstrom — auch in der geologischen Entwicklung Bedeutung gehabt haben, kann man nicht direkt nachweisen, aber wohl vermuten.

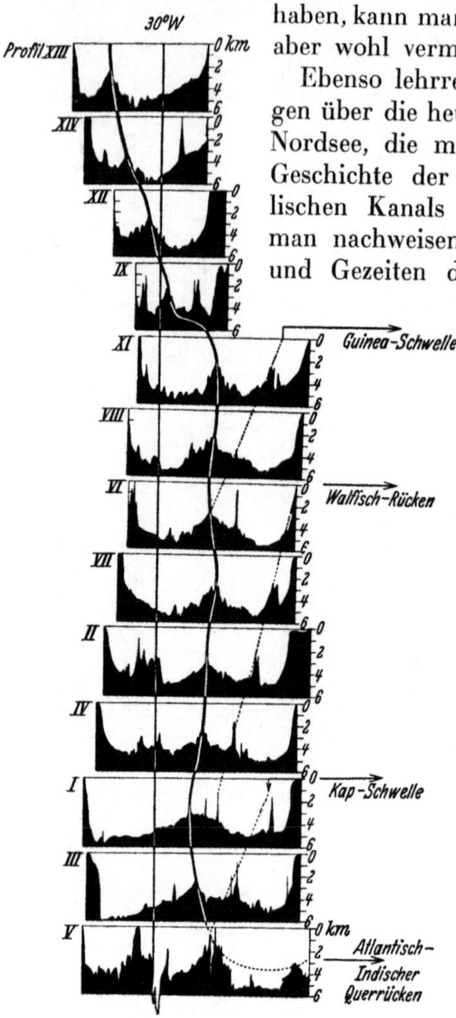

Abb. 21. Querschnitte durch den Meeresboden des Südatlantik nach den Echolot-Aufnahmen des „Meteor", stark überhöht. Vgl. auch Abb. 22. (Aus: Ges. f. Erdkunde 1927.)

Ebenso lehrreich sind die Feststellungen über die heutigen Gezeitenwellen der Nordsee, die man aus der geologischen Geschichte der Nordsee und des englischen Kanals ableitet und bei denen man nachweisen kann, wie Strömungen und Gezeiten durch die geographische Veränderung der Küstenzonen und Meeresstraßen beeinflußt wurden. Gezeitenströmungen haben sicher auch sonst bei der Ablagerung und gleichmäßigen Verteilung junger Küstenkonglomerate, mitgewirkt; für ihre erodierende Wirkung auf den Meeresboden und für die Zerstörung der Steilküsten liegen nur Hinweise aus jüngerer Zeit vor. Wir dürfen aber wohl annehmen, daß ihre Wirkung bei dem, was wir oben als Abrasion bezeichneten, auch in früheren Perioden nicht geringer gewesen ist. Solche Vorgänge waren es jedenfalls, die, bei der Gliederung und Abtrennung

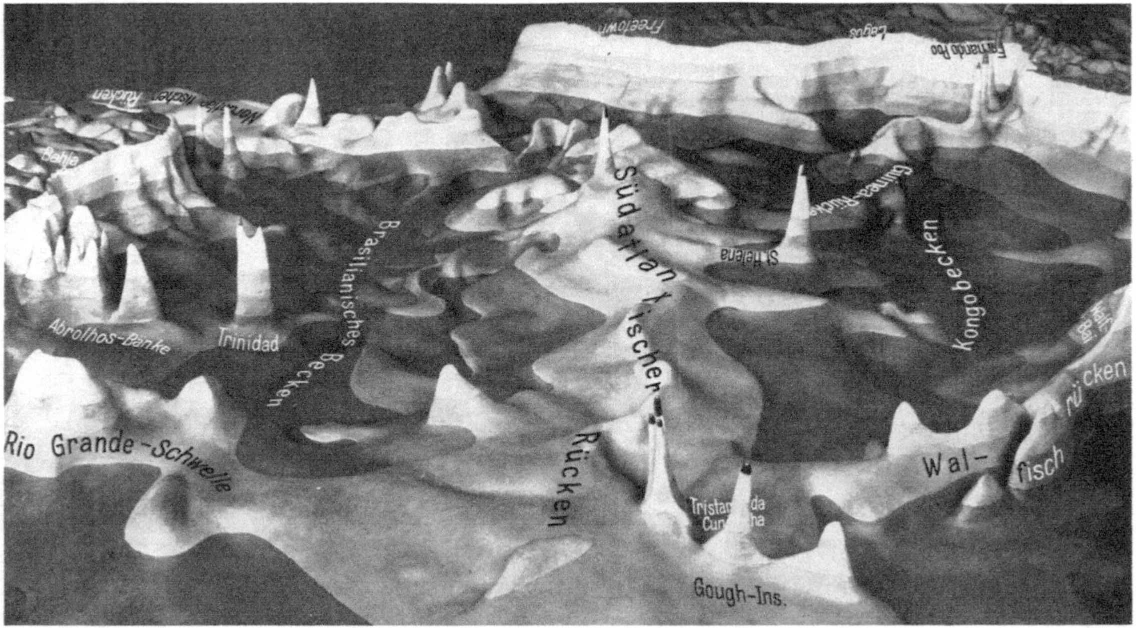

Abb. 22. Der Boden des Atlantischen Ozeans. Nach den Lotungen des „Meteor“ als Relief dargestellt. Berlin, Museum für Meereskunde. Aus der „Koralle“. Aufn. Alex. Stöcker.

der einzelnen Meeresräume, neben den Bodenbewegungen entscheidend mitgespielt haben.

Ozeane, die durch ihre Größe, ursprünglichen Salzgehalt, durch ihr eigenes und kräftiges System von Gezeitenwellen und Meeresströmungen eine selbständige Stellung einnehmen, sind als tiefste und weiträumigste Einsenkungen der Erdkruste schon vom Paläozoikum an bekannt. Für große Teile können wir eine teilweise *Permanenz*, gegenüber den mehr lokal bedingten Randmeeren wechselnder Tiefe, annehmen. Dies gilt besonders für Teile des *Stillen Ozeans*. Ob für das ganze Gebiet, läßt sich, aus Mangel an geologischen Sedimenten im ganzen zentralen und südlichen Gebiet, nicht mit Sicherheit feststellen.

Der Atlantische Ozean in seiner heutigen Erstreckung und Begrenzung ist erst in jüngerer Zeit, aus älteren Sammelmulden äquatorialer Richtung und jüngeren Einbruchsbecken, entstanden. Nach der Ansicht Alfred Wegeners soll er durch eine Verschiebung der Kontinentalschollen zwischen Europa—Afrika und Amerika entstanden sein; wogegen teilweise das versunkene Gebirge der atlantischen Schwelle spricht, das wir jetzt durch die Echolotungen der deutschen Meteorexpedition (Abb. 21 u. 22) recht gut kennengelernt haben. Daß solche Bewegungen zeitweilig mitgewirkt haben können, ist, nachdem Verschiebungsvorgänge (die wir noch im nächsten Abschnitt unter dem Begriff der Epeirophorese kennenlernen werden) sich auch in anderen Gegenden und Richtungen erkennen lassen, nicht zu bezweifeln; doch dürften die Vorgänge weit differenzierter gewesen sein und kaum in der Bildung einer einfachen Zerrungsspalte bestanden haben.

Verschieden sind Atlantischer und Pazifischer Ozean in heutiger Zeit auch durch die geologische Gestaltung ihrer Küsten. Während die *pazifischen Küsten* an ihrem Rand ringsum von parallelen Gebirgszügen begleitet werden, so daß man auch von den zirkumpazifischen Gebirgen spricht, finden wir sowohl auf der Ost- wie der Westseite des Atlantik eine Küstenform, die völlig davon abweicht. Alle Gebirge endigen mit scharfem Abbruch gegen das Meer (Norwegen, Schottland, Atlas usw.); nirgends gibt es Gebirge, die der Küste parallel gerichtet sind. Sie verlaufen vielmehr senkrecht zu ihr, was man auch als *atlantischen Küstentypus* bezeichnet hat.

Auch der *Indische Ozean* besteht erst seit jüngerer Zeit. Noch während des Mittelalters nahmen ein Kontinent, den man als Lemuria oder Gondwanaland bezeichnet, den größeren Teil seiner Südhälfte ein.

Das Tethysmeer. Größere Bedeutung besaß während des jüngeren Paläozoikums, bis in das Alttertiär hinein, das ostwestlich sich erstreckende Meer der *Tethys,* das wir als den wichtigsten Ozean für die Geschichte der geologischen Erdentwicklung anzusehen haben. Es erstreckte sich vom Gebiet der alpinen Gebirge Europas einerseits nach Westindien, andererseits über den Kaukasus und Taurus bis in die jetzigen Gebirgsländer Vorder- und Hinterindiens. Die heutigen Mittelmeere sind noch seine Restmulden, nachdem die jungen Hochgebirge, alpiner Entstehung, gerade aus den Gesteinsbildungen seines Ablagerungsbereiches herausgefaltet und zusammengestaut wurden und damit der ganze Meeresraum eine Einengung erfuhr. Die Breite des Tethysmeeres, die eine typische Sammelmulde oder *Geosynklinale* darstellt, muß demnach bedeutend größer gewesen sein, als es die Randgebiete der heutigen Mittelmeere erkennen lassen; wahrscheinlich besaß es auch teilweise ozeanische Tiefe.

Diesem Tethysmeer verlief, wenig nördlich, ein anderes flaches Meer, wenigstens in den Zeiten des jüngeren Tertiär, parallel, das man auch als die *Paratethys* bezeichnet hat. Die tertiären Meere des deutschen Alpenrandes (Molassegebiet), die Ungarische oder Pannonische Tiefebene, das Schwarze und Kaspische Meer sowie die Senke des Aralsees gehörten dazu; weiter im Osten das Ferghanagebiet (Turkestan), die Gobi und das Tarimbecken. Mit Ausnahme der Binnenmeere der Pontisch-Kaspischen Senke ist dieses weite Gebiet jetzt durch Hebung trocken gelegt. Wir haben aber in ihm eine der alten Meereswannen zu sehen, die bis in die geologische Neuzeit eine Rolle spielten. Eine Verbindung zwischen Paratethys und Tethys war wahrscheinlich durch den Dardanellenfluß gegeben, der das, damals noch bestehende, ägäische Festland durchströmte und südlich von Athen ins Mittelmeer mündete.

Von den **Mittelmeeren** sind besonders einige interkontinentale Mittelmeere und Meeresbuchten zu erwähnen; wie die Bucht des deutschen Zechsteins während der Permzeit, in der sich die Kalisalze absetzten; ebenso das germanische Triasmeer, das wir als Wattengebiet schon bei den Schichtbildungen kennenlernten. Daneben hat es zahlreiche randliche Einbruchs- und Ingressionsbuchten, als Nebenmeere der größeren Senken, in wechselnder Zahl und Bedeutung gegeben. Dazu kann man die ostafrikanische Bucht während der Trias- und Jurazeit, die russische Jurabucht und die arktischen Meere des Paläozoikums rechnen.

Die **Meeresstraßen der Jetztzeit** sind, wie es uns schon der Umriß Europas zeigte, sämtlich jüngster Entstehung, doch haben auch früher solche schmalen Verbindungsmeere bestanden, z. B. zwischen dem ozeanischen und germanischen Triasmeer in Schlesien.

Die Ablagerungen vergangener Zeiten gehören in der Hauptsache dem flachen Küstensockel der Kontinente — den sog. *Schelfmeeren* — an, während ozeanische Räume weniger vertreten sind, und Reste der Tiefsee, wie wir schon früher sahen, fast ganz fehlen. Am besten vertreten sind von den Flachseegebieten diejenigen, die man in ihrer Ausbildung den heutigen Neben- und Mittelmeeren gleichsetzen kann, während man für die Tiefseerinnen (z. B. Philippinengraben, Attakamagraben), in denen wir heute die größten Meerestiefen antreffen, eine Parallele aus geologischer Vergangenheit nicht kennt. Die sog. Vortiefen und Randsenken, am Saum der jungen Faltengebirge, stellen zwar auch Bewegungen der Sammelmulden oder Geosynklinalen dar, wohl aber von flacherem Charakter.

Atlantis und Gondwanaland. Durch diese größeren und kleineren Meeresräume werden auch die Festländer umgrenzt, die uns, während der Geschichte der Erde, in wechselnder Gestalt entgegentreten. Zur Zeit des Tethysmeeres kann man deutlich Nord- und Südkontinente unterscheiden, von denen eines der wichtigsten, das *Gondwanaland* des Südens, schon erwähnt wurde.

Auch im Gebiet des heutigen Atlantischen Ozeans waren solche Kontinentalmassen vorhanden, unter denen sich der Geologe aber etwas anderes vorstellt als das sagenhafte Land Atlantis, das seit Platos Zeiten zu mancher Spekulation Anlaß gegeben. Bis in die Tertiärzeit hinein bestand eine Nordatlantis und eine Südatlantis, die z. B. Brasilien mit Afrika in Verbindung brachte. Zwei Landverbindungen, die tiergeographisch gut nachweisbar sind und von einem interkontinentalen Zwischenmeer, zwischen Gibraltar und Westindien, getrennt wurden. Auch in diesem hat es Inseln gegeben wie im heutigen Mittelmeer oder im Malaiischen Archipel, nur kennen wir deren genaue Lage nicht mehr und können sie nur vermuten. Azoren, Kanaren und Kapverden mögen Reste solcher größeren Inselgebiete sein, von denen das Atlantis der Sage auch eine gewesen sein kann. Wissen wir doch, daß die Azorenplatte noch heute zu den am stärksten erschütterten Gebieten im Atlantik gehört. Ferner wurden zu verschiedenen Malen Reste junger, vulkanischer Gläser, die nur über dem Wasser an der freien Luft so erstarren konnten, mit Bodenproben an die Oberfläche gebracht, und schließlich ist auch der erwähnte atlantische Rücken (Abb. 21), seit der Meteorexpedition, so gut bekannt, daß man in Teilen von ihm sicher ein versunkenes Gebirgsland zu sehen hat (Abb. 22). Einzelne Strecken dieser submarinen Schwelle mögen auch noch heute in Bewegung sein. Kabelbrüche, besonders im südlichen Abschnitt, scheinen darauf hinzudeuten. Dies alles spricht nicht dagegen, daß sich hier, noch in jüngster Vergangenheit, Ereignisse abspielten, wie wir sie auch aus dem europäischen Mittelmeer kennen, daß Inseln versinken und an anderen Stellen vulkanisches Material zeitweilig aufgeschüttet wird.

Kontinentalverschiebung. Man hat diese Bildungen der atlantischen Inseln und die Küstenformen des Ozeans auch mit der Wegenerschen Theorie der Kontinentalverschiebung zu erklären versucht. Diese nimmt an, daß die Küsten einstmals einander näher lagen und sich durch eine horizontale Bewegung der Schollen voneinander entfernten. Einwandfrei gelingt der Nachweis dafür aber immer nur für kurz begrenzte Zeitabschnitte und in örtlich engen Gebieten. Zu ihren Gunsten wird man nur einzelne aus den Schichtabsätzen abgeleitete klimatische Faktoren (Permische Eiszeit, Verteilung von Kohlen und Salzlagern) anführen können. Solange noch die grundlegenden Messungen über solche horizontalen Bewegungen fehlen, wird man sie aber niemals für die Gestaltung eines ganzen Weltbildes in Rechnung stellen können. Möglich ist aber, daß eine derart gestaltete Zusammenschiebung in den Mittelmeergebieten eine gewisse Rolle gespielt hat. So bestechend auch die Übereinstimmung der atlantischen Küsten in Ost und West erscheint, kann man bis jetzt, auf dem Weg über die Kontinentalverschiebung, doch nur zu Teillösungen gelangen.

Die alten Gebirge. Auch hier spielen Hebungen und Senkungen eine Rolle, wie beispielsweise die versunkene Atlantische Schwelle zeigt. Hebungen ebenso in den Gebirgsgebieten der Kontinente, die man in regelmäßiger Folge — sowohl zeitlich wie räumlich — um den Erdball verfolgen kann. So finden wir besonders die jungen Gebirge, von Hochgebirgstypus alpiner Art, am Rande des Pazifischen Ozeans als zirkumpazifischen Gürtel, andererseits in einem äquatorialen OW-Zug, der dem Verlauf der alten Tethys und ihrer Gesteine entspricht. Neben alten Meeren und Kontinenten stellen diese die dritte morphologische Gruppe dar, deren Gestaltung die beiden anderen wesentlich beeinflußte.

Die Gebirge Europas bieten ein gutes Beispiel für diese Verteilung, wie sie uns die Karte (Abb. 16) zeigt. Zwei alte Blockschollen im Osten und Westen stellen Ureuropa dar, dann folgt in Skandinavien und Schottland das Alteuropa des Paläozoikums und in Mitteleuropa die Falten der Steinkohlenzeit, die in unserem Mittelgebirgsrumpf noch vorhanden sind. Schneekoppe, Inselsberg und Brocken lernten wir davon kennen.

Das neue Europa, die Gebirge von alpiner Art rings um das Mittelmeer, ist um die Wende von Kreide—Tertiär entstanden. Diese vier zeitlich aufeinanderfolgenden Faltungswellen haben, vom Norden beginnend und nach Süden fortschreitend, das Gerippe unseres Kontinents geschaffen; und ein Gleiches gilt auch für die anderen Festländer der Erde.

Die Gürtel der jungen Gebirge sind auch heute noch **die mobilen Zonen der Erde,** wie die Verteilung von Vulkanen und Erdbeben zeigt, die an die gleichen Zonen gebunden sind. Horizontale und vertikale Bewegungen haben in Form von Falten und Bruchbildungen die Erhebungszonen geschaffen. Der junge Vulkanismus steht in engster Verbindung damit und die heute noch andauernden Erschütterungen zeigen die letzten Zuckungen des Erdkörpers. Wo sie aussetzen, haben wir Gebiete älterer Entstehung, die schon zur Ruhe gekommen sind.

Den mobilen Senken der Küsten, Schelfgebiete und Sammelmulden stehen die versteiften Blöcke und Schwellen gegenüber, aus deren Wechselspiel und Schwankungen das Bild entstand, das uns heute Kontinente, Gebirge und Meere in ihrer morphologischen Eigenart zeigen. Zur Entstehung vor allem des heutigen *geographisch-morphologischen Oberflächenbildes,* das sich uns als Endergebnis geologischer Gestaltung bietet, trugen aber alle diese Veränderungen des Bodens bei. Nicht nur die großen, auch die geringen, nur langsam sich vollziehenden, Bewegungen; denn auch die größten „Revolutionen“ sind wohl allmählich verlaufen und ihre Wirkung ist nur zu verstehen durch die Summierung langer Zeiträume. Hebungen und Senkungen, in immerwährendem Wechsel, haben vor allem die heutigen Reliefformen geschaffen, genau so wie auch die Bildung der mächtigen Gesteinsschichten erdgeschichtlicher Ablagerungen und die Begebenheiten und Wechselfolgen, die wir in der historischen Geologie zusammenfassen, von ihnen stark beeinflußt wurden.

Das Relativitätsgesetz in der Geologie. So sehen wir, daß es nicht allein genügt, das Werden der Erdoberfläche in Raum und Zeit zu betrachten. Zum Verständnis des Antlitzes der Erde genügt nicht nur die dreidimensionale Betrachtung mit Höhen-, Tiefen-, Breiten- und Längenausdehnung, auch nicht, daß wir jeden der mannigfachen Vorgänge mit dem Faktor Zeit multiplizieren, wodurch wir erst die richtige Vorstellung *erdgeschichtlichen* Geschehens erhalten. Die räumliche Anschauung der Veränderungen wird erst vollständig, wenn wir auch noch die Bewegung in Rechnung stellen, deren Bedeutung wir schon bei der Schichtbildung, bei den Zeitproblemen und bei den revolutionären Veränderungen kennenlernten.

Es gibt also auch für die Geologie, ähnlich wie für die kosmische Welt, ein *Relativitätsgesetz*, das für alle Erscheinungen gilt, in denen nicht nur die räumliche Anordnung und das zeitliche Werden eine Rolle spielen, sondern auch die Hebungen und Senkungen des Bodens und die Bewegungen überhaupt. Diese sind schon bei jeder einfachen Schichtlage und -mächtigkeit mindestens ebenso wichtig wie das, was oben und unten liegt. Das ist es, was geologische Grundvorstellungen so oft erschwert, daß man nicht nur eine richtige Raum- und Zeitvorstellung gewinnen muß, sondern diese Erscheinungen und Veränderungen sich nun in wechselnder Auf- und Abbewegung vorzustellen hat. Dieses Relativitätsproblem der Geologie wollen wir nun im folgenden Abschnitt, in einem Sonderfalle, einer Prüfung unterziehen.

Zweiter Teil.

Wachsen die Berge?

1. Form und Baumaterial der Berge.

Die Frage, was ist ein Berg oder ein Gebirge, läßt sich, je nach dem Standpunkt, sehr verschieden beantworten. Blicken wir von der Zugspitze, die dem Zuge der nördlichen Kalkalpen angehört, gegen Süden, so sehen wir jenseits des Inntales die kristallinen Zentralalpen des Ötztales, mit ihren breiten Gletscherdecken. Im Osten und Westen zeigen sich dagegen zackige Spitzen und Kämme, die sich gegen Karwendel, Lechtal und Allgäu verlaufen. Aber auch im Norden sind Berge, wenn auch niedrigere, vorgelagert, mit sanft geschwungenen Formen des Vorlandes. Alle diese alpinen Höhen, aus Falten und Schollen zusammengesetzt und von Brüchen durchzogen, unterscheiden sich von den uns schon bekannten Mittelgebirgshöhen der Waldgebirge mit ihrer flächenhaften Gestaltung, die auf größeres Alter schließen läßt. Brocken und Schneekoppe, mit ihrem Granit- und Gneisgerüst, fehlen die spitzen Zacken und kühn emporragenden Gipfel, und alle Gestaltung, die das Relief verstärkt, läßt nur die abtragende und einebnende Wirkung von Wasser und Eis erkennen. Der Unterschied geht schon aus der Karte (Abb. 16) hervor, die uns zeigt, daß die Mittelgebirge dem Bewegungsstreifen des mittleren Europa — also der Steinkohlenzeit — entstammen, während die Alpen zum Mittelmeerkreis der jüngsten Erhebungen zählen. Wie die erstarrten Wogen eines wild aufgepeitschten Meeres ziehen sich ihre Faltenzüge als Grenzwall mitten durch Europa (Abb. 23).

Die *Form eines Berges* ist demnach nach Gestein, Bildungsalter und Wirkung der abtragenden Kräfte, je nachdem die Verwitterung und die nagende Arbeit von Wasser und Eis gewirkt hat, verschieden. Daneben haben wir *vulkanische Berge,* die oft durch spitzkegelförmige Gestalt auffallen, wie der Pic von Teneriffa, der Fuji-noyama in Japan und der Vesuv, *Aufschüttungsberge,* die aus Sand der Dünen und Moränenmaterial der Eiszeit aufgehäuft sind und auch einige hundert Meter an Höhe erreichen können, und schließlich *Erosions-* oder *Abtragungsformen,* die durch die Wirkung von Wasser und Wind aus fast ebenen Gesteinspaketen her-

Abb. 23. Das Säntisgebirge in der Nordschweiz. Die Sättel und Mulden des Faltengebirges mit Seealpsee (rechts), Säntis und Altmann von Norden gesehen. Fliegeraufnahme aus 3200 m Höhe. Photo Swissair.

ausgenagt wurden und uns in manchen Tafelbergen entgegentreten.

Da wir die Verteilung der gebirgigen Zonen auf der Erde schon kennengelernt haben, die sich überall durch ihre Höhenlage gegenüber den flachen Kontinentaltafeln und durch die Aneinanderreihung mannigfaltigster Bergformen besonders auszeichnen, wollen wir noch einen Augenblick bei der Frage verweilen, wieweit das Baumaterial auf die Form der Berge und Gebirge von Einfluß gewesen ist.

Der Berg als Bauwerk. Vergleichen wir die Gestalt eines Gebirges mit architektonischen Bauwerken, so sind beiden gewisse Grundzüge gemeinsam. Bei einem gotischen Dom bestimmt das Baumaterial den Charakter. Straßburger Münster (bunter Sandstein), Lübecker (Backstein) und Drontheimer Dom (paläozoischer Tuffstein) weisen recht verschiedene Gestalt und Formenbildung auf. Sodann sind Bauplan und Innenarchitektur wichtig; am meisten aber springen uns äußere Skulptur, Stütz- und Schmuckformen, wie Säulen, Schwibbögen und Maßwerk, ins Auge. An den Bergen sind dies die Klippen und Zacken, die Grat- und Kaminformen mit ihren Nadeln und einzelnen Türmen.

Auch an den Bergen stehen Bauformen, Baumaterial und Außengestaltung in engster Beziehung zueinander. Zugspitze (dolomitischer Wettersteinkalk), Montblanc (Granit) oder Großglockner (kristalliner Schiefer) zeigen, in ihrem wechselnden Landschaftsbild, sehr deutlich diese Abhängigkeit von verschiedenem Material; auch der Bauplan ist in den Zentral- und Kalkalpen ein sehr verschiedener.

Alpen und außereuropäische Hochgebirge. In früheren Zeiten erschienen schon zackige Formen in den Kalk- und Sandsteingebirgen unserer engeren Heimat romantisch und man sprach von Fränkischer und Sächsischer Schweiz. Jetzt, nachdem die Erschließung der Alpen als der höchsten Erhebungen Europas so ziemlich abgeschlossen ist und die wissenschaftliche Erforschung der Gebirge von ihnen ihren Ausgang genommen hat, wendet sich der Blick auch in die Ferne und wir lernen daraus auch die Größenordnung und Bedeutung unserer europäischen Hochgebirge richtig einschätzen. Wenn auch die absolute Höhe, selbst der höchsten Berge der Erde, nur verschwindende Erhebungen und Runzelungen, im Vergleich zur Mächtigkeit selbst der obersten Krustenschichten der Erde darstellt, so beginnt man, alpine Gipfel und Gletscher erst mit anderem Auge zu sehen, wenn man sie mit Alai, Tienshan oder Himalaja vergleicht. Gegenüber den eisgepanzerten Formen Feuerlands und dem Gipfelmeer des Himalaja (Abb. 42) schrumpfen die Schweizer und Tiroler Alpen, in Ausdehnung und Höhengestaltung, zu

Kleinformen zusammen. Selbst die Gipfelriesen im Piemont und Wallis zeigen im Vergleich dazu nur Zwergenwuchs. Von ihnen aber hat die Erforschung der Berge ihren Ausgang genommen, während die übrigen Hochgebirge der Erde erst noch auf die eigentliche wissenschaftliche Erschließung warten.

2. Hebungen und Senkungen.

Wir haben schon im vorigen Abschnitt, zur Erklärung der Gesteine, unseren Ausgang vom Meere genommen und uns erst dann an die Steinbrüche und Felsabstürze des Binnenlandes gewagt. Es wird auch zum Verständnis des Bewegungsvorganges bei der Gebirgsbildung gut sein, wenn wir wieder beim Meere anfangen und dann erst zu den Gipfeln hinaufsteigen. Dort werden wir meßbare Bewegungen feststellen können, verglichen mit dem Meeresspiegel, von dem man annimmt, daß er, mit Ausnahme des Gezeitenwechsels, nur wenige weitspannige und allgemeine Veränderungen im Lauf der Zeiten durchgemacht hat. So können die geringen, lokal wechselnden Schwankungen, die wir an fast allen Küsten der Erde feststellen, nicht auf ihn bezogen werden, sondern beruhen auf Veränderungen in der Lage der Landschollen. Wir haben ja auch schon gleich anfangs festgestellt, daß die vorhandenen Wassermengen seit ältester Zeit der Erdgeschichte wohl keinem nennenswerten Wechsel unterlagen. Die zeitweilige Zunahme der Wassermenge, nach dem Abschmelzen großer Inlandseismassen, besonders auf der Südhalbkugel (Daly), fällt demgegenüber kaum ins Gewicht.

Skandinavien. Daß Hebungen und Senkungen nicht nur an den Küsten, sondern auch innerhalb der festen Landmassen stattgefunden haben und *heute noch* stattfinden, ist lange bekannt. Es sei nur an die Hebungen und Terrassenbildungen an den Küsten Fennoskandias und Kanadas erinnert, von denen die ersten seit Celsius (1743) und Linné bekannt sind, aber damals freilich durch Wasserabnahme erklärt wurden. Diese *vertikalen Niveauverschiebungen*, die, auf Grund von Untersuchungen in Häfen und Meeresstraßen und belegt durch alte Urkunden, schon damals auf etwas mehr als 1 m für das Jahrhundert geschätzt wurden, haben dann schwedische und finnische Geologen in übersichtlicher Weise auf Karten zusammengestellt, auf denen man die Gebiete gleicher Heraushebung des skandinavischen Festlandes seit dem Abschmelzen der Inlandeisdecke genau ersehen kann.

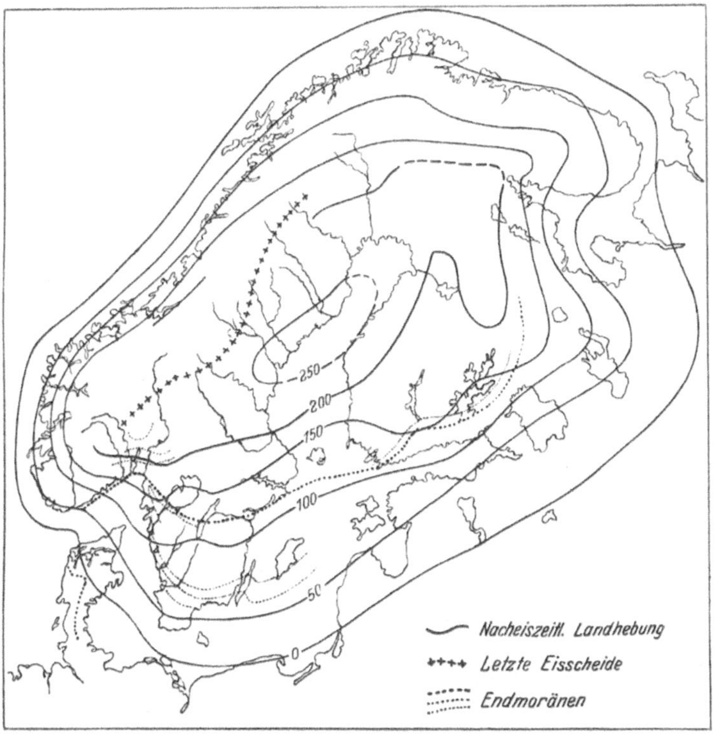

Abb. 24. Linien gleicher Landhebung (Isobasen) seit der Eiszeit in Skandinavien und Finnland. (Nach Högbom aus Drevermann: Meere der Urzeit.)

Die neueste Darstellung (Abb. 25) zeigt uns, daß die einzelnen Teile der Ostsee dabei in verschiedenem Grade der Hebung bzw. der Senkung unterliegen, und daß es sich teilweise nur um Bruchteile eines Zentimeters im Jahr handelt.

Daraus geht aber schon zur Genüge hervor, daß nicht allgemeine Bewegungen des Meeres in Frage kommen können.

Die einzelnen Schollen reagierten in verschiedener Weise auf die Entlastung des Landes durch das Abschmelzen der gewaltigen Eismasse der Diluvialzeit, die wir uns wohl noch mächtiger vorzustellen haben wie die Dicke des grönländischen Inlandeises, an welchem jetzt mit seismischen Methoden von der Wegenerschen Expedition Mächtigkeiten bis zu 2700 m gemessen wurden.

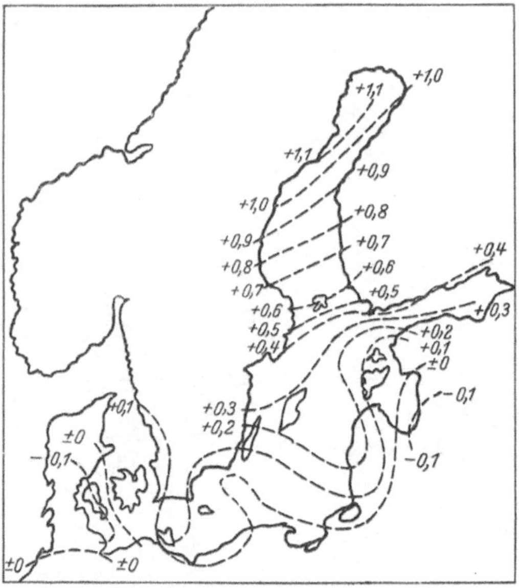

Abb. 25. Jährliche Strandverschiebung an den baltischen Küsten von 1898 bis 1912. + Landhebung, — Landsenkung in Zentimetern. (Nach Witting aus Drevermann: Meere der Urzeit.)

Die ganze nachdiluviale **Geschichte der Ostsee** (Abb. 26) hängt mit dem Rückzug der Inlandeismassen gegen Norden zusammen, für den wir ja die Zeitberechnungen schon kennenlernten (Abb. 24). Der Wechsel vom offenen Meeresarm zwischen Nordsee und dem Weißen Meer (Yoldiameer) über das eng eingeschnürte Binnenmeer der Ankyluszeit und zu dem gegen Westen durch die Litorinasenke geöffneten Meer der Jetztzeit erhält durch dieses Abschmelzen des Eises und die

Eisentlastung der skandinavischen Halbinsel seine Erklärung (Abb. 26). Die Terrassen an der norwegischen Küste und ebenso die gehobene Küstenplattform (Abb. 19) werden dadurch verständlich, da man annimmt, daß das Land in dem gleichen Maße aus dem Meere auftauchte wie die Masse des Eises abnahm. Die Linien gleicher Heraushebung (Isoanabasen, Abb. 24) lassen dies deutlich erkennen, um so mehr, als die Verbreitung der Erdbeben in Norwegen zeigt, daß auch die Linien der seismischen Beweglichkeit mit dieser Heraushebung zusammenfallen.

Mittelmeergebiet. Am Mittelmeere liegen die Terrassen der Nachtertiär- und Quartärzeit vielfach auch mehrere hun-

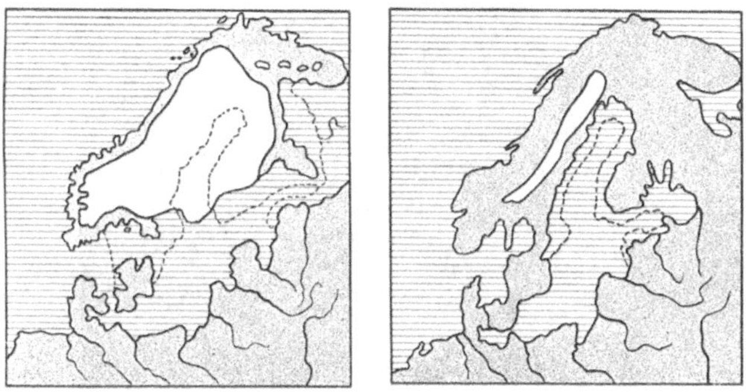

Abb. 26. Nordsee, Ostsee und Eismeer nach der Eiszeit (Nach de Geer aus Drevermann: Meere der Urzeit.)

dert Meter (z. B. Kalabrien) über dem jetzigen Meeresspiegel, und das Bild von der Küste von Rhodos (Abb. 27) zeigt uns jungpliozäne Geröllablagerungen über dem Steilabsturz der gehobenen Küste. Wieder an anderen Küstenstrecken sanken historisch beglaubigte Bauten und Siedlungen mehrere Meter unter den Meeresspiegel. Hierfür sind, neben lokal wechselnden Schollenbewegungen, auch vulkanische Kräfte zur Erklärung herangezogen worden, die ja auch sonst für vorübergehende und kurzspannige Küstenveränderungen verantwortlich zu machen sind.

Das bekannteste Beispiel sind die Säulen des *Serapistempels von Pozzuoli* (Abb. 28) bei Neapel, die bei einer Eruption des benachbarten Monte Nuovo im Jahre 1538 wieder über den Meeresspiegel auftauchten, nachdem sie jahrhundertelang versunken, teilweise von Schutt verhüllt und von Bohrmuscheln angefressen worden waren. Sie zeigen uns sehr eindringlich, daß die *Richtung der Bewegung* und der Wechsel zentrifugaler und zentripetaler Kräfte im Laufe der Zeit,

Abb. 27. Steilküste der Insel Rhodos (Ägäisches Meer) bei Lindos, mit jungpliozänen Sedimenten, die in quartärer Zeit herausgehoben wurde. 1928.

selbst an den gleichen Schollen mehrfach gewechselt hat. In der Umgebung von Neapel, Capri und Sorrent sind zahlreiche Bewegungen dieser Art festzustellen, die sich an Häusern, Badeanlagen und Tempeln erkennen lassen. So soll die Entvölkerung des jetzt fiebergefährlichen Gebietes in der Umgebung des Tempels von Paestum auf Senkungen und damit verbundenem Steigen des Grundwasserspiegels beruhen. Auch von anderen Inseln und Küsten des Mittelmeeres sind solche Feststellungen bekannt. Auf der Insel Rhodos sind z. B. an einer römischen Wasserleitung Bruchverschiebungen mit einer Sprunghöhe von 80 cm festgestellt worden; diese Zahlen können aber selbst in kürzeren Zeiten noch größere Werte erreichen.

Abb. 28. Die Säulen des Serapistempels von Pozzuoli bei Neapel. Man beachte die Bohrmuschellöcher im unteren Drittel der Säulen. Aufn. Dr. H. Claus.

Vulkanische Inseln. Die Insel Palmarola an der Westküste Italiens zeigte in den Jahren 1822 bis 1875 eine Hebung von 64 m, wobei wir wohl nicht fehlgehen, wenn wir gleichfalls vulkanische Bewegungen als Ursache annehmen. In gleicher Weise entstand im Juli 1831 südlich von Sizilien die kleine Insel Ferdinandea, an einer Stelle, wo vorher ein 100 Faden tiefes Meer gemessen wurde. Noch vor Ende des

Jahres fiel die Insel, auf der die Engländer schon schnell bereit ihre Flagge gehißt, der Meeresbrandung wieder zum Opfer. Ähnliches zeigten die neuen (1929—30) Eruptionen des Vulkanes Krakatau in der Sundastraße, der im Jahre 1883 durch eine gewaltige Explosion zerstört worden war, so daß an Stelle des Kraters sich ein 300 m tiefes Meer ausbreitete. Im Innern dieses Kratermeeres entstanden, nur zeitweilig aufgeschüttete, Inseln aus Aschen- und Lavamaterial, die bald wieder verschwanden. Im Herbst 1931 wurde bei erneuten Eruptionen an dieser Stelle, die ihre Auswurfsmassen 200 m hoch emporwarfen, wieder eine Insel von ca. 40 m Höhe aufgeschüttet.

Von den indischen Küsten im Golf von Bengalen sind Senkungen von Wäldern und Torflagern um 4 bis 5 m unter dem Meeresspiegel und von der Westküste Grönlands, an normannischen Bauten, Senkungen bis 2 m, an der Ostküste dagegen Hebungen bis 15 und 20 m bekannt. Ebenso fand das norwegische Schiff „Norwegia" im Herbst 1930 an der Stelle, wo die Karten vordem die Nimbrod- und die Dougherty-Insel verzeichneten, ein Meer von 4000 m Tiefe. Andererseits berichtet man von Finschhafen (Neuguinea) von ganz jungen (wohl vulkanischen) Hebungen, die an jungen Brandungsterrassen bis zu 850 m hinauf zu verfolgen sind. So wird man bei allen diesen Erscheinungen an das Wort der Offenbarung Johannis erinnert: „Wir sehen die Inseln verschwinden und die Berge sich verbergen, auf daß sie unauffindbar werden."

Nordseeküste. Auch an den deutschen und holländischen Küsten sind solche Senkungen bekannt, sowohl im Ostseegebiet, wo die Vinetasage wohl durch versunkene prähistorische Steinsetzungen an der Odermündung gedeutet werden kann, wie an den Halligen Schleswig-Holsteins, die deutlich aus der Zerstörung der Insel Nordstrand durch die gleiche große Flut im Jahre 1287, die auch den Einbruch der Zuidersee und des Jadebusens förderte, hervorgingen (Abb. 29). Die Doggerbank in der Nordsee, die jetzt 25 bis 90 m unter dem Meeresspiegel liegt, ist nach den diluvialen Funden (Mammutzähne), die man dort mit dem Schleppnetz emporzog, sicher ein Teil jenes weiten Landes (Abb. 30), das noch vor der Eiszeit vor der Rhein- und Elbemündung lag, so daß man annehmen kann, daß auch diese Ströme einst weiter im Nor-

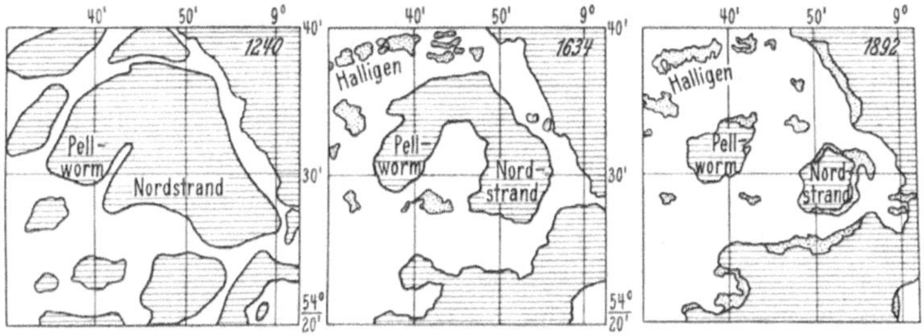

Abb. 29. Die fortschreitende Landzerstörung an der nordfriesischen Insel Nordstrand. Zustand in den Jahren 1240 (links), 1634 und 1892. (Nach R. Hansen.)

den mündeten. Diese Senkungen an der Nordseeküste, die heute noch weitergehen, sind aber ungleich in den verschiedenen Gebieten, da sie auch durch tektonische Vorgänge im Untergrund (Horst und Grabenbildung) bedingt erscheinen, die sich an die Ausläufer der NW-gerichteten Störungszonen der deutschen Mittelgebirge anschließen.

Um die wichtigsten Gebiete, in denen solche Veränderungen der Küsten durch Hebungen und Senkungen festgestellt wurden, wenigstens anzudeuten, müssen auch die Koralleninseln und Korallenbauten an den Küsten südlicher Meere erwähnt werden, deren Lage über dem Meeresspiegel (z. T. mit Brandungshohlkehlen)

Abb. 30. Das Nordseeland in der Nacheiszeit mit der Doggerbank und der Rhein- und Elbemündung. (Nach Gregory.)

auf junge Hebungen schließen läßt. Nach den neueren Untersuchungen kann es dagegen nicht mehr als sicher gelten, daß langdauernde Senkungen in erster Linie für die Gestaltung der Koralleninseln in Frage kommen.

Dies alles sind mehr oder weniger lokal zu deutende Erscheinungen, die, soweit Mitwirkung vulkanischer Kräfte in Frage kommt, auch nur episodisch auftreten. Wir sehen aber eine Beweglichkeit einzelner Schollen, die auch heute noch andauert, als letzte Auswirkung tieferliegender Kraftäußerungen. Meist werden sie nur langsam, und in langen Perioden meßbar, vorsichgehen, gelegentlich können aber auch seismische Erschütterungen in ihrer Folge auftreten. Die eigentlichen Kräfte für diese Wirkungen werden wir jedoch dort zu suchen haben, wo man auch in weiter zurückliegenden Zeiten diejenigen der Gebirgsbildung sieht. Um die Bedeutung dieser Hebungen und Senkungen im vollen Maße würdigen zu können, müssen wir uns daher jetzt vergegenwärtigen, welchem Wandel die Auffassung vom Bau der Gebirge im Laufe der Zeiten unterworfen war.

3. Wie entstanden die Gebirge?

Schrumpfungstheorie. Daß selbst die Schichtgesteine, die am Aufbau der Berge mitwirken, einst als Meeresabsätze entstanden und erst später emporgehoben und zusammengepreßt wurden, haben wir schon eingangs festgestellt. Es ist der Kampf um den Raum, der die Schichten zusammenpreßte und die alten Kontinentalmassen gegeneinander schob. Zwischen den Backen dieser Schraubstöcke schrumpften die Gebirge. Aber ungelöst ist noch die Frage, ob es die Schrumpfung und *Zusammenziehung des Erdkernes* selbst war, die als Ursache anzusehen ist, oder ob Magmaströmungen in geringerer Tiefe dafür zur Erklärung herangezogen werden können. Ob wir die Faltung der Gebirge nun so oder so deuten, letzten Endes wird immer die Schrumpfungs- oder Kontraktionstheorie, soweit sie die oberste Erdhaut betrifft, auch heute noch herangezogen werden müssen. Denn selbst Schollenverschiebungen an Kontinentalmassen könnten als Schrumpfungserscheinungen der Oberfläche gedeutet werden. Das

Beispiel des eintrocknenden Apfels, dessen Haut sich runzelt, behält deshalb zum Verständnis immer noch seine Bedeutung, wenn auch die Gebirgsrunzeln der Erde eine größere Gesetzmäßigkeit und zeitliche Gliederung erkennen lassen. Das paläogeographische Kapitel hat uns Anhaltspunkte dafür schon gegeben.

Neptunisten und Plutonisten. Die Anschauungen über die Gebirgsbildung, die Entstehung ihrer Formen und ihre Ursachen, war im Lauf der Zeit mehrfachem Wechsel unterworfen. Auf die Anschauungen der *Neptunisten* des 18. Jahrhunderts, die alle Gesteinsbildungen, auch die der Eruptivgesteine, aus wässerigen Lösungen ableiten wollten, folgten die *Plutonisten,* die umgekehrt dem Vulkanismus eine besondere Bedeutung, auch für die Aufrichtung der Gebirge, beimaßen. Namen wie Alexander v. Humboldt und Leopold v. Buch sind da zu nennen. Ihre Ansichten, die neuerdings, in anderer Form, eine teilweise Beachtung finden, gerieten in Vergessenheit und es blieb nur die stark von ihnen beeinflußte Auffassung von der *Schollen- und Bruchstruktur* der Erde, in einzelnen, sogar mehr oder weniger gesetzmäßig angeordneten, Richtungen. Ihr folgte dann erst die Zeit, da man der Schrumpfung der Erde und den durch diese Kontraktion bedingten Faltungen die Hauptbedeutung beimaß.

Brüche und Falten. Bei dieser Verengung des Raumes und der dadurch bedingten Zusammenschiebung der Gesteinsmasse entstanden Formen mannigfaltigster Art: Horizontal und vertikal bewegte, deren bekannteste Vertreter wir als *Falten* und als *Brüche* bezeichnen. Diese sind verschieden, je nach dem Widerstand, den die Bewegung fand, und nach der Belastung, unter der sie sich abspielten. Dem Gebirgsdruck wirkten, als Gegendruck, ältere, schon versteifte Massen entgegen; den Alpen die älter gefalteten deutschen Mittelgebirge usw. Aber auch der *Belastungsdruck* spielte eine Rolle, da wir annehmen müssen, daß alle Gebirge wesentlich höher waren oder wenigstens, daß über den jetzt gefalteten Gebieten noch mächtige Deckschichten lagen, die jetzt, in den verschiedenen Schuttmassen der Tertiär- und Quartärzeit, am Alpenrand abgelagert sind. Vielleicht darf man sogar schließen, daß die eigentliche Faltung in großer Tiefe vor sich ging und daß erst dann die Gebirge in ihrer Gesamtmasse höher herausgehoben wurden. Nur so kann man sich die plastische, bruchlose Faltung (Abb. 31) vieler, sonst spröder, Schichten vorstellen; auch spricht die starke Veränderung der Gesteine (Metamorphose) zugunsten einer Faltung

Abb. 31. Faltenbildung am Hochvogel im Allgäu. 1902.

in großer Tiefe. In diesem Sinne müssen sich die Faltungsvorgänge in alten und jungen Gebirgen sehr ähnlich abgespielt haben. Nur sind die Alpen, als Vertreter der jüngsten, noch am frischesten erhalten geblieben.

Gleichzeitig, oder teilweise erst als Folgeerscheinung, entstanden horizontale und vertikale *Bruchbildungen*, die vielfach mehrfach gestaffelt auftreten. Solche Bruchbündel zeigen dann auch Hebungs- und Senkungserscheinungen, so daß wir unter ihnen Grabenzonen der Senkung (z. B. Rheintalgraben, Abb. 34) und Horstgebiete der Hebung (Thüringer Wald) unterscheiden können.

Deckenbau der Alpen. Einen Sonderfall der Faltung stellen die weitreichenden *Schollen- und Faltenüberschiebungen* dar, bei denen ältere Schichten über jüngere geschoben wurden. Im alpinen Gebiet, wo sie eingehend studiert und solche von 50, ja selbst von 100 km nachgewiesen wurden, spricht man bei diesen Formen extremsten Faltenbaues von Überschiebungsdecken und von *Deckenbau* (Abb. 32).

Seit Albert Heim (Zürich) und Eduard Sueß (Wien) suchte man durch solche Bewegungen nicht nur die Aufstauungen der alpinen Hochgebirge zu erklären, sondern neuerdings auch die älteren Gebirgsschollen Mitteleuropas. Wenn auch nicht zu leugnen ist, daß dem Decken- und Überschiebungsbau in fast allen Gebirgen und zu fast allen Zeiten der Gebirgsbildung mindestens der gleiche Einfluß zukam wie der Bruch- und Faltentektonik und man darin immer den stärksten Ausdruck des *Faltenzusammenschubs* sehen kann, so ist seine Bedeutung doch stark überschätzt worden. Eine eigentliche Stauung und Auffaltung durch solche Deckenauftürmung hat wohl, auch in den Gebieten engster Faltenpressung, wie z. B. in den Westalpen, kaum stattgefunden, dagegen ist bei den Alpenquerschnitten (Abb. 32) auf-

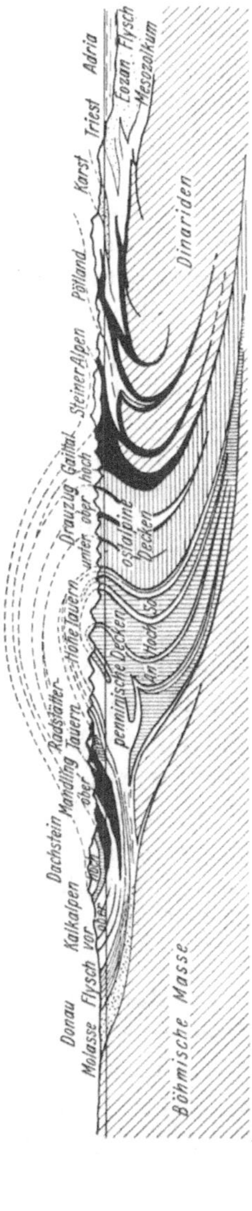

Abb. 32. Deckenbau der Alpen nach Kober. Aufpressung der tief in den Untergrund hinabreichenden Falten zwischen dem Vorland (Böhmische Masse) und dem Rückland (Dinarisches Gebirge). Deckenüberfaltung nach Norden, Überschiebungen in den Südalpen.

fallend, wie groß der Faltungstiefgang angenommen wird (— 12000 m), d. h. wie tief die Faltungsvorgänge unter der Linie des Meeresspiegels hinabreichen. Vielleicht muß man sogar annehmen, daß diese Überschiebungen schon entstanden, als die Gesteine, aus denen sie zusammengesetzt sind, noch teilweise in einer der großen Senkungs- und Sammelmulden (Geosynklinalen) sich ansammelten; denn diese Sammelmulden selbst müssen wir als die Geburtsstätten der Faltung und der Faltengebirge ansehen.

Horizontale Schollenbewegungen. Zu ihrem Verständnis reichte jedenfalls die Kontraktionstheorie in alter Auffassung nicht aus, so daß man horizontale Schollenbewegungen, in teilweiser Anlehnung an Wegenersche Gedanken der Kontinentalverschiebung, zur Erklärung des tektonischen Bildes heranzog. Führungsleisten dieser horizontalen Bewegungen sind im Bau Nordamerikas, Mitteleuropas und vor allem der großen Mittelmeermulde an horizontalen (transversalen) Bruchverschiebungen noch erkennbar. In der Tiefe sind es aber die *Strömungen des Magmas,* die als Träger der horizontalen Bewegung (Epeirophorese hat man diese Horizontalverfrachtung von Schollen aller Art genannt), nach dem heutigen Stand unserer Kenntnis, eine deutlichere Erklärung geben; auch selbst, wenn man diese Bewegungen der Tiefe nur als eine besondere Form der Schrumpfung ansehen will.

Um sich eine Vorstellung von solcher Gebirgsgestaltung zu machen, gibt es kein besseres Mittel als einige Berge zu besteigen, wie wir dies in den deutschen Gebirgen und in den Alpen schon getan haben. Da wir bei unseren bisherigen Wanderungen meist nur die Gesteine beachtet haben, so wollen wir einige Ausblicke und Querschnitte hinzufügen, die uns zugleich Faltung, Überschiebung und Bruchbildung anzeigen.

Gebirge Lapplands. Auf der Karte von Europa lernten wir die Reste verschieden alter Gebirge (Abb. 16) kennen und beginnen bei den ältesten mit einer Wanderung im höchsten Lappland, dort, wo der Luleelf dem gletscherreichen Gebirge entströmt (Abb. 44). Da kann man tagelang über ebenes

Land reisen, von Gneisen und Grünschiefern zusammengesetzt, aus denen nur einige Kuppen der an Magneteisen so reichen Berge herausragen. Das sind Reste *Ureuropas*, die man auch als Fennoskandia bezeichnet. Am Rand des Gebirges folgen Schichtgesteine, dem Silur zugerechnet, und schließlich in der Gebirgsmauer selbst wieder stark veränderte und gepreßte Gesteine, die über die Schiefer herübergeschoben wurden, aber eigentlich Syenite und Hornblendegesteine der Tiefe darstellen. Dies ist der Rand der großen skandinavi-

Abb. 33. Das Hochgebirge Schwedisch-Lappland (Sarek-Gebirge) mit flachgelagerten Plateaugletschern. 1910.

schen Schollenüberschiebungen, den man über Hunderte von Kilometern verfolgen kann. Die vielfach flachgelagerten Hochgebiete sind von Gletschern bedeckt (Abb. 33), den letzten Resten jener Massen, die einst zur Eiszeit die ganze skandinavische Halbinsel und Norddeutschland so überdeckten wie das heutige Grönland.

Rheintalgraben. Ein anderes Bild soll uns nach *Mesoeuropa* führen, in die Gebirge am Rhein, und zwar in den Schwarzwald. Vom Belchen aus, der von einer der Granitmassen des Gebirges gebildet wird, ebenso wie jenseits des Rheines sein elsässischer Namensvetter, hat man nicht nur einen Blick gegen die Alpen und die, ihnen vorgelagerten, niedrigeren Faltungswellen des Schweizer Jura, sondern auch auf die Vogesen. Dazwischen aber liegt in der Tiefe das breite Tal des Rheins, das hier einen Einbruch oder ein *Grabental* darstellt, in dem die Schichten mehr als 2000 m in die Tiefe abgesunken sind. Da man jetzt, um die Schätze an Kalisalzen zu fördern, noch 600 m tief unter den Talboden hinuntergestiegen ist, hat man dadurch eine gute Übersicht über die Gestaltung eines solchen Grabentales gewonnen (Abb. 34).

Grenze zwischen Ost- und Westalpen. Und zum Letzten, noch einmal in die Alpen, um auch vom jüngsten Gebirgs-

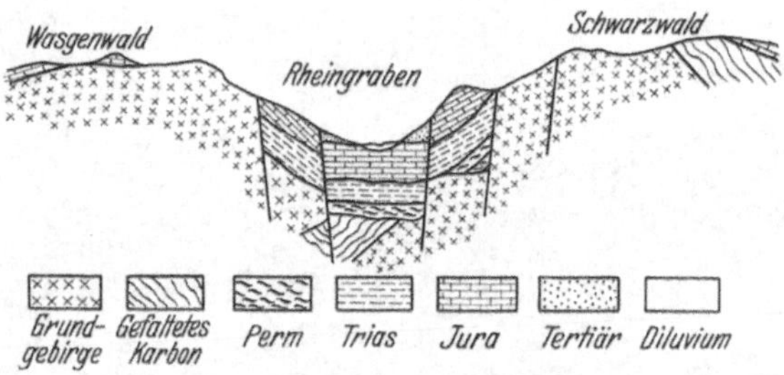

Abb. 34. Querschnitt durch die Grabensenke des Oberrheintales zwischen den Horsten von Schwarzwald und Vogesen. (Nach Wagner aus Drevermann: Meere der Urzeit.) Beachte besonders die Juraschichten im Osten, Westen und, abgesunken, im Rheintalgraben.

bau Europas eine Vorstellung zu bekommen. Wir besuchen die Grenze von Ost- und Westalpen in Vorarlberg, so wie wir sie auf einer Wanderung von der Scesaplana zur Lindauer Hütte im Rätikon sehen können. Hier sind nicht nur Schuppen und Brüche in weißen Jurakalken deutlich erkennbar, sondern in den Dolomitbänken unter der Scesaplana und Zimbaspitze weithin erkennbare Faltenbilder, die, durch rote Jurabänder, besonders deutlich erscheinen. Auch das Gesteinsmaterial ist hier — wie weit nach Graubünden hinunter — von unendlicher Mannigfaltigkeit; ständig wechseln eruptive Massen und sedimentäre Schichten, und alt und jung liegt ganz verstürzt durcheinander, so daß schon einige Erfahrung dazu gehört, sich in dieser so reizvollen Landschaft auch geologisch zurechtzufinden. Blickt man von einem der Gipfel des Gebietes auf die Schweizer Seite hinab, so hat man ein welliges Wiesenland, den Prättigau, vor sich, der aber nicht aus den ältesten Schichten, wie man sie in der Tiefe vermuten sollte, sondern aus den jüngsten Schichten der Gegend — nämlich Tertiär und Kreide — besteht. Darüber türmen sich die hellen Kalkfluhen des Juras. Schauen wir

Abb. 35. Die Überschiebung der Silvrettagneise (Madrisa) über die Jurakalke des Rhätikons (rechts) an der Grenze von Ost- und Westalpen. 1903.

noch weiter nach Osten, so liegen auf diesen Höhen die Gipfel und Vorhöhen der vergletscherten Silvretta, die uns wieder kristalline Schiefer der alpinen Zentralzone zeigen; also ein Bild wie in Nordschweden. Die ältesten Gesteinsserien liegen ganz zuoberst aufgetürmt und hinaufgeschoben auf die jungen (Abb. 35). Hier an der Ostalpengrenze besonders bemerkenswert; denn wir können daraus ablesen, daß sich die ostalpinen Schichten in zwei- bis dreifacher Folge über die Schichten der Schweiz und Graubündens geschoben haben.

Brüche, Falten und Überschiebungen vereinigen sich hier also in einem Bild; und wenn die Gesteine so stark durcheinander geworfen sind, so haben wir dies auf den Vorgang der Überschiebung zurückzuführen, der mit den Gesteinen nicht sanft verfahren ist und manche von ihnen derart zerrieben hat (Mylonite), daß wir uns ihre ursprüngliche Gestalt nur schwer vorstellen können.

Solche Gebirgsgestalten wiederholen sich allenthalben und irgendeinem der angeführten Beispiele, sowohl nach Alter, Gesteinszusammensetzung und Faltungsart, wird mancher andere Querschnitt, im Bereich des Mittelmeeres oder anderer noch fernerer Gebirge, gleichen. Es mag damit genug sein, da es hier nicht unsere Aufgabe ist, alle Eigenheiten jedes Landstriches kennenzulernen, sondern nur die wesentlichen Merkmale, die für den Bau gebirgiger Länder von Bedeutung sind, dabei festzustellen. Der Fragen bleiben auch so noch genug.

Faltengebirge und Vulkanismus. Wir haben zwar Struktur und Textur der Gebirge oder Bau und Gefüge der Berge zu ergründen versucht. Um aber alle Probleme, die sich gerade in ihnen zusammendrängen und dabei wichtigste Grundfragen der Geologie berühren, zu klären, müßten wir noch viele Untersuchungen anstellen und in vergleichend anatomischer Betrachtung Bergformen zergliedern. Das kann nicht unser Ziel sein, wo es uns doch nur darauf ankommt, zu einem Verständnis der Formen der Erdoberfläche zu gelangen, damit wir uns nicht nur der Schönheit der Gebirgsnatur erfreuen, sondern auch ihr Werden und Vergehen, als Ausdruck der besonderen Eigenart der geologischen Faltungsprozesse, kennenlernen. Wie Albert Heim, der greise Schweizer Altmeister der Alpengeologie, dies einmal ausgedrückt hat: „Verstandenes zu schauen ist ein weit edlerer, größerer Genuß, als Unverstandenes anzustaunen."

Einige allgemeine Vorstellungen müssen wir uns dabei noch klarmachen, neben dem Faltungsvorgang, der allgemeinen Schrumpfung der Erde und der damit verbundenen Zusammenpressung aller Schichten. Alle Faltungsvorgänge sind Erscheinungen, die gebunden sind an die mächtigen Massen der Sedimentgesteine. Diese aber sind abhängig von der Atmosphäre, den durch sie bedingten Wassermassen und damit wiederum vom Kreislauf des Wassers, der nicht nur die Sedimentgesteine bildet, sondern sie auch wieder abträgt. *Ohne eine Sedimenthülle gäbe es keine Faltengebirge* und keine Gebirgsbildung oder Orogenese, sondern nur vulkanische Erscheinungen, wie sie uns der Mond zeigt.

Nun haben wir ja weite Regionen, die fast nur aus vulkanischem Material aufgebaut sind, wie die 2000 m mächtigen Trappdecken des Dekkan in Vorderindien oder der Hauran und Djolan in Arabien, die in der Öde ihrer weiten, dunklen Basaltströme und -kegel einen eintönigen und schaurigen Eindruck machen. An anderer Stelle stehen, wie uns die regionale Verteilung von Gebirgen, Erdbeben und Vulkanen zeigt, Vulkane direkt in Verbindung mit Faltengebirgen und bauen dort auch manchen hohen Berg auf, wie in den Anden Südamerikas. Ein *Zusammenhang zwischen Vulkanismus und Gebirgsbildung* besteht, aber niemals primär, sondern immer nur in den Folgeerscheinungen. Nur selten ist festzustellen, daß vulkanische Kraft auch Schichten aufgerichtet hat; ganze Faltenberge und Gebirge sind durch sie jedenfalls niemals in nachhaltiger Weise beeinflußt worden, wie es noch Leopold v. Buch, einer der größten Geologen des 19. Jahrhunderts, lehrte. Denn das Eindringen des Magmas in den Gebirgskörper folgte immer erst dann, wenn das Gefüge der Gesteine durch die Faltung gelockert war. Wie z. B. die jungen, alpinen Granite der Tertiärzeit im Bergell, am Adamello usw. erst in den Alpenkörper, nach der Faltung, eindrangen. Man kann dies auch so ausdrücken, daß man sagt: Faltengebirge entstehen in Regionen, die unter dem Einfluß des Zusammenschubs stehen, Vulkane aber, bei Nachlassen des Druckes, dort, wo eine Dehnung oder eine Zone geringeren Widerstandes sich herausbildet.

Orogenese und Epeirogenese haben wir schon früher erwähnt, als zwei Formen der Bewegung, von denen die erstere, die *Gebirgsgestaltung*, immer nur vorübergehend auftritt und meist mit starker Kräfteentfaltung. Die Epeirogenese oder *Schollenbewegung* ist dagegen ein Vorgang, der sich, in langen Zeiträumen, fast unmerklich vollzieht, in seiner Wirkung aber nicht minder bedeutende Folgen haben kann.

Durch orogenetische Vorgänge allein, wie wir sie soeben in den Gebirgsformen kennenlernten, und denen Falten, Überschiebungen und Verwerfungen oder Brüche zuzurechnen sind, läßt sich aber das *morphologische Bild* unserer Gebirge nicht erklären; selbst wenn man annimmt, daß alle diese Äußerungen der Gebirgsbewegung nicht einzeln, sondern nebeneinander, gewirkt haben. Mechanisch vorstellbar sind sie überhaupt nur, wie wir gleichfalls schon festgestellt haben, in größerer Tiefe, wo die Schichten, unter dem Belastungsdruck der überlagernden Sedimente, noch die nötige plastische Nachgiebigkeit aufzuweisen hatten. Aber durch solche Faltung in der Tiefe werden, ebensowenig wie durch den Mechanismus der magmatischen Strömungen, Berge gestaltet oder, wie man meistens sagt, „aufgefaltet". Ihre Gestaltung verdanken sie jüngeren, vertikalen Bewegungen von längerer Dauer, von denen wir einen Teil zu den Schollenbewegungen rechnen können.

Während wir demnach unter dem Begriff *Orogenese* ein dynamisches Werden verstehen, das sich größtenteils in der Tiefe unter Belastungsdruck vollzog oder auch realtiv schnelle, episodische, aber strukturverändernde Bewegungen, bezeichnen wir als *Epeirogenese* die relativ langsamen, „säkularen", vorwiegend vertikalen Veränderungen. Hierbei wurde die Struktur der Krustenteile nicht verändert, wohl aber das äußere morphologische Gefüge beeinflußt, da sich Schollenbewegungen auch oberflächlich schon primär bemerkbar machen.

Die Bewegungen der Orogenese gingen, in ihrem Wirkungsbereich, wohl kaum über die Durchschnittshöhen der Festländer hinaus. Die gefalteten Massen verdrängten in der Tiefe das Magma des Untergrundes oder sanken nach der Faltung sehr bald in ihre ursprüngliche Höhenlage zurück. Dennoch haben sie die Verteilung von Meeren und Festländern, und damit auch die Transgressionen und die Verteilung der Schichten, sehr wesentlich beeinflußt. Für das *heutige Bild der Erdoberfläche* sind aber die Schollenbewegungen und -hebungen (Epeirogenese) bei weitem wichtiger, und besonders die noch zu erwähnenden kurzfristigen Schollenerhebungen (*Synorgenese*), da auch die sekundäre Heraushebung der Gebirge und damit die heutige Gestalt der Berge durch sie bedingt wird.

Auch paläogeographisch können wir beide unterscheiden, da Orogenese meist mit den eigentlichen Faltungszonen zusammenhängt, deren Verlauf um die Erde wir verfolgten und damit mit den Sammelmulden der Sedimente oder den Geosynklinalen. Epeirogenese findet sich häufiger in den schon beruhigten Randgebieten des Küstensockels oder Schelfs oder in den eigentlichen kontinentalen Blöcken. Während Orogenese die primäre Form der Gebirgsgestaltung darstellt, zeigt uns die Epeirogenese meist einen sekundären Folgezustand.

Junge Küstenbewegungen. Orogenetisch sind zweifellos alle sichtbaren Faltenbildungen und Überschiebungen; sicher ein Teil der Brüche und die Horizontalverschiebungen einzelner Schollen. Für andere Brüche ist es zweifelhaft, ob sie nicht mindestens bei der späteren, langsamen Heraushebung aufs neue belebt wurden. Als Beispiele epeirogenetischer Bewegungen muß man neben weitgespannten, wellenförmigen Verbiegungen einzelner Landstreifen auch den flachen Großfaltenbau ganzer Kontinentalschollen erwähnen. Vor allem aber die langsamen Bewegungen vertikaler Art, wie wir sie noch heute an den skandinavischen Küsten beobachten. Dazu gehört auch das Versinken der Nordseeküste an den friesischen Inseln und Halligen, und das der Doggerbank in der Nordsee, die heute mehr als 30 m tief unter dem Meeresspiegel liegt, einst aber einem großen Festland vor der Rheinmündung angehörte. Ebenso alle die verschiedenen Küstenveränderungen in historischer Zeit, von denen im nächsten Kapitel die Rede sein soll, wie die Küste von Ravenna, das Grab des Themistokles im Hafen von Phaleron (Athen), die Bauten von Sorrent und Pozzuoli (Abb. 28) in der Bucht von Neapel — soweit nicht plötzliche Einwirkung vulkanischer oder seismischer Kräfte daran beteiligt ist. Man hat auf Karten diese Veränderungen der Jetztzeit zusammengestellt, aus denen hervorgeht, daß weite Küstenstrecken und die ihnen zugeordneten Landstreifen, teils der Hebung, andere einer Senkung unterworfen sind. Einzelne davon sind deutlich durch *Hebungsmarken*, wie an den eingeschnittenen Terrassen Norwegens und Alaskas, ausgezeichnet, oder die Löcher von Bohrmuscheln an hochgelegenen Küstenstreifen künden dies an. Sinkende Küsten, mit neuer Aufschüttung sind aber nur dann genauer feststellbar, wenn sie später wieder einmal auftauchen, oder wenn versunkene Täler und Flußrinnen (Kongo) darauf hinweisen. Andererseits wird manche Erscheinung der positiven Salztektonik, wie das Aufsteigen der großen Salzhorste und Salzdome bis zur Oberfläche, zum Teil mit der Entlastung von überlagernden und dann abgetragenen Massen (Belastungs- und Entlastungsdruck) zu erklären sein.

Abb. 36. Hebungserscheinungen im Saalegebiet Thüringens. (Nach P. Kahle.) Die Pfeile deuten nach langsam aufsteigenden Stellen.

Bodenbewegungen im Innern des Festlandes sind wesentlich schwerer festzustellen, weil meistens die nötigen Meßpunkte und Vergleiche fehlen. So hat man in Thüringen bei Eisenberg (Abb. 36) und Pfuhlsborn solche Hebungen festgestellt, aber noch nicht rechnerisch nachprüfen können. Gegenwärtige Niveauveränderungen, wie man sie an Ingenieurbauten des Oberrheintals, im Rheinland und Westfalen oder Württemberg beobachtete, gehören hierher und sind auf verschiedene Ursachen zurückzuführen. Besonders werden schwache Schollenverschiebungen, aber ebenso die Auslaugung unterirdischer Salz- und Gipsmassen dazu beigetragen haben. Auch in der Vergangenheit hat es solche Erscheinungen gegeben, die man daran feststellen kann, daß die neu entstandenen Hohlformen zu lokalen Sammelmulden für neue Ablagerungen wurden. Die tertiäre Braunkohle Mitteldeutschlands (z. B. Merseburg) sind so großenteils in Mulden abgelagert, die erst durch die Auslaugung der Zechsteinsalze in der Tiefe entstanden. Im Gebiet der Finnestörung ließ sich dagegen seit der ersten Vereisung der Diluvialzeit eine Hebung um 60 bis 90 m nachweisen.

Bewegungen in Oberbayern und im Allgäu. Meßbare Veränderungen hat man für die oberbayerische Hochebene

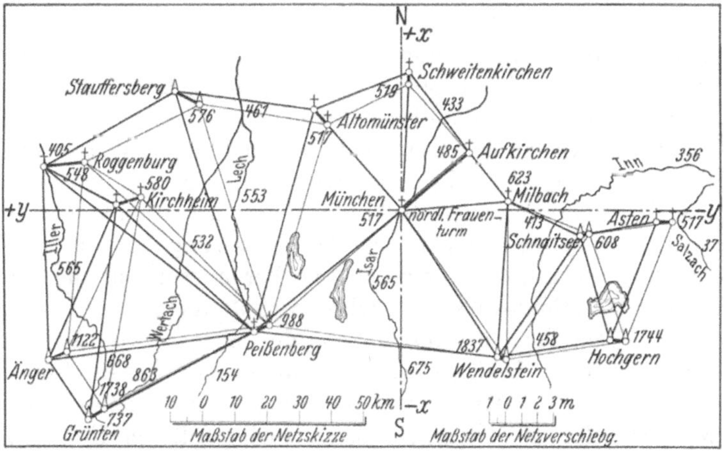

Abb. 37. Netzverschiebung der südbayerischen Dreieckspunkte. (Nach M. Schmidt aus Kayser.)

festgestellt (Abb. 37) und ebenso für große Teile Frankreichs. Wir ersehen daraus, daß sich der Wendelstein in jedem Jahrhundert um 25 cm gegen München zu bewegt und daß die Salzburger und Chiemgauer Ebene in dem gleichen Zeitraum eine Senkung von ähnlichem Betrage erfährt. An anderen Stellen sind Verschiebungsbeträge beobachtet worden, die bis zu 7 mm im Jahre zeigen. Ist es auch nicht möglich, trotz moderner Feinnivellements, die zeitliche Entwicklung schon vollkommen zu übersehen, da sich die älteren, ungenaueren Messungen mit den heutigen nicht immer vergleichen lassen, so sieht man doch, daß wir hier schon ein

Beobachtungsmaterial vor uns haben, das in Zukunft auch für morphologische Zwecke von Bedeutung sein kann. Ihr Einfluß auch auf technische Fragen (Bergbau, Eisenbahn- und Straßenbau) legt uns die Verpflichtung auf, künftig solche Messungen planmäßig und in regelmäßigen Abständen in den verschiedenen Gegenden zu wiederholen.

Erdbeben und Synorogenese. Solche Niveauveränderungen epeirogenetischer Art können durch die Plötzlichkeit ihres meist einmaligen Auftretens auch den orogenetischen sehr nahestehen. Wir sprechen dann von *Bewegungen der Synorogenese,* die nicht gleichmäßig andauern, sondern plötzliche Veränderungen, unterbrochen von mehr oder weniger episodischen Stillstandsphasen, darstellen. Dazu gehören manche *Folgeerscheinungen magmatischer Hebung,* wie man sie an den Küstenterrassen von Kalabrien festgestellt hat, und ebenso solche, als Folge von *Erdbebenbewegungen.* Fassen wir derartige seismisch bedingte Hebungen als die letzten Ausklänge orogenetischer Schollenverlagerung auf, so werden uns die schwach bemerkbaren Veränderungen, die mit ihnen oft verbunden sind, leichter verständlich.

Das Versinken ozeanischer Inseln, ebenso wie manche Kabelbrüche, z. B. im südlichen Atlantischen Ozean, finden dadurch eine Erklärung. Andererseits aber auch Landgewinn, wie man ihn an Mittelmeerküsten nach größeren Erdbeben feststellen konnte. Abb. 38 zeigt eine solche Veränderung an der Küste von Kreta im Jahre 1926 nach dem großen Levantebeben. Beim japanischen Erdbeben (Tokio 1. Sept. 1923) entstand so eine Bruchstufe in der Sagamibucht, bei der die Sprunghöhe der Hebungen und Senkungen, nach Messungen der japanischen Marine, bis zu 700 m beträgt (Abb. 39). Nach einem Erdbeben (3. 2. 1931) wurde der Meeresboden im Hafen von Napir (Neuseeland) um 6 m gehoben. Beim San-Franzisko-Beben 1906 bildete sich ein Bruch von 60 cm Sprunghöhe. An der gleichen Sankt-Andreas-Verwerfung, die sich 800 km weit verfolgen läßt, kann man eine ständige Horizontalverschiebung von 5 cm im Jahre, mit der sich die eine Scholle gegen Norden bewegt, feststellen. Gerade dieses Beispiel zeigt deutlich den Unterschied der episodischen Spaltenbildung, mit der katastrophale Folgen (Erdbebenzerstörungen) verbunden sein können, im Gegensatz zu den gleichmäßigen, langdauernden, mehr epeirogenetischen Verschiebungen, die wohl meßbar, aber kaum bemerkbar sind, solange sich ihrer Bewegung kein Hindernis in den Weg stellt.

Wir sehen also, daß neben dem Ausklingen tektonischer Erscheinungen (Erdbeben), sich solche epeirogenetischen und

Abb. 38. Nordküste von Kreta bei Hieraklion, nach dem Erdbeben von 1926 um 40 cm gehoben. Das flache Küstengebiet im Vordergrund wurde dadurch gebildet. 1928.

synorogenetischen Schollenveränderungen und Bewegungen, in einzelnen Fällen, auch auf lokale, vulkanische Einflüsse (Süditalien) und an anderen Punkten auf Salzauslaugungen (Lösungstektonik), vor allem aber auf Entlastung vom Druck überlagernder und abgetragener (bzw. abgeschmolzener) Gesteins- und Eismassen zurückführen lassen.

Druckentlastung und Massenausgleich. Gerade diese zuletzt erwähnte Erklärung ist bei den *Küstenterrassen des Nordens*, wie wir sie in Skandinavien und Alaska antreffen, naheliegend; wie auch Fridjof Nansen in seinem letzten zusammenfassenden Werk darauf hingewiesen hat, daß die Entlastung der Gebiete von den allmählich abschmelzenden Inlandeismassen eine Deutung dieser Terrassen, wie auch der flachen, den Küsten vorgelagerten, Plattformen ermöglicht (Abb. 40).

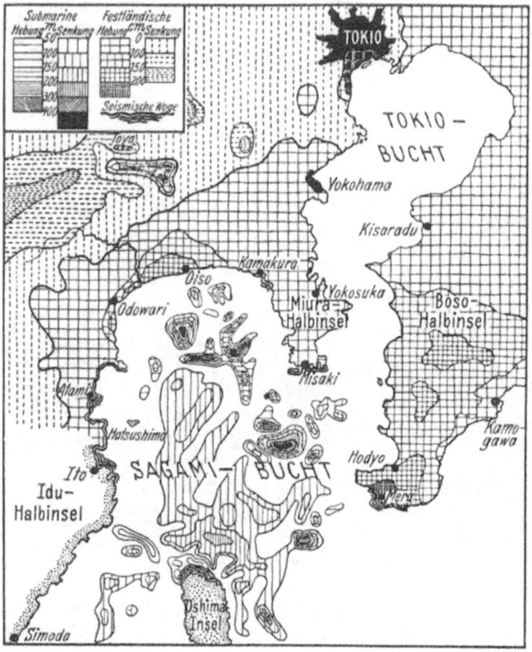

Abb. 39. Die Höhenänderungen im Bereich der Sagamibucht bei Tokio, gelegentlich des Tokiobebens vom 1. September 1923. Nach japanischen Quellen zusammengestellt von A. Sieberg.

Bei einer solchen Druckentlastung spricht man von einem isostatischen (isos = gleich, stasis = Lage) Gewichtsausgleich in der Tiefe. Dieser tritt auch in der verschiedenen *Schwereverteilung* deutlich hervor, wie sie die Pendelbeobachtungen aufzeichnen und die Isoanomalenkarten, die Gebiete gleicher Schwereverteilung zeigen, wiedergeben. Auch die Entlastung der Erdschollen von Abtragungsmassen mag, bei dadurch hervorgerufener schnellerer Heraushebung, eine ähnliche Auflockerung des inneren Gefüges und eine entsprechende Abbildung auf den Schweremessungskarten hervorrufen. Besteht ein solcher Gewichtsausgleich tatsächlich, so muß auch eine Ausgleichsfläche (bewegliche und flüssige Magmazone) vorhanden sein, wo diese Bewegungen nach der Tiefe zu ihr Ende finden. Eine solche nimmt man in etwa 120 km Tiefe an (Abb. 12).

Bei den meisten isostatischen und auch epeirogenetischen Erscheinungen, bei denen wir den Sitz der Kräfte demnach in größerer Tiefe zu suchen haben, sind zweifelsohne auch

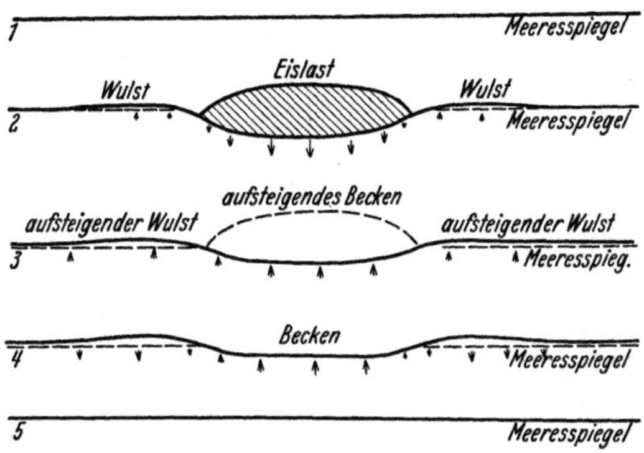

Abb. 40. Belastung durch Inlandeismassen und Entlastung und Wiederaufsteigen der Kontinentalschollen nach Abschmelzen des Eises. (Nach Daly.) 1. Lage der Erdkruste vor der Belastung. 2. Plastische Umformung durch Belastung (Eis). 3. Elastisches Aufsteigen der Kruste durch Entlastung (abschmelzen des Eises). 4. Plastische Reaktion der unbelastet gebliebenen Kruste. 5. Oberfläche der Erdkruste nach dem plastischen Ausgleich.

noch andere Erklärungen heranzuziehen. Wahrscheinlich haben auch hier *Strömungen des Magmas* in der Tiefe, von denen schon bei der Gebirgsbildung die Rede war, daran Anteil, daß diese unterirdischen Glutmassen bei der Faltung aus dem Bereich der eng zusammengepreßten und beträchtlich in die Tiefe hinabgreifenden Falten seitlich verdrängt wurden. Am Ende der gebirgsbildenden Vorgänge drangen diese dann aufs neue unter den Gebirgskörper ein und hoben diesen heraus. Durch solche magmatischen Strömungsvorgänge würden sich nicht nur die Unausgeglichenheit der

Schwereverhältnisse, sondern auch manche epeirogenetischen Bewegungen erklären lassen.

Erdbeben und Gebirgsbau. Die letzten Äußerungen und Bewegungen der Erdoberfläche treten uns nicht nur in den epeirogenetischen Ausgleichserscheinungen, auch nicht in den Hebungen und Senkungen entgegen, die immerhin grobsinnlich in ihren säkularen, d. h. durch lange Zeiträume hindurch meßbaren, Bewegungen erkennbar sind, sondern in den *Erdbeben*. Diese stellen ja nicht nur, wie dies häufig

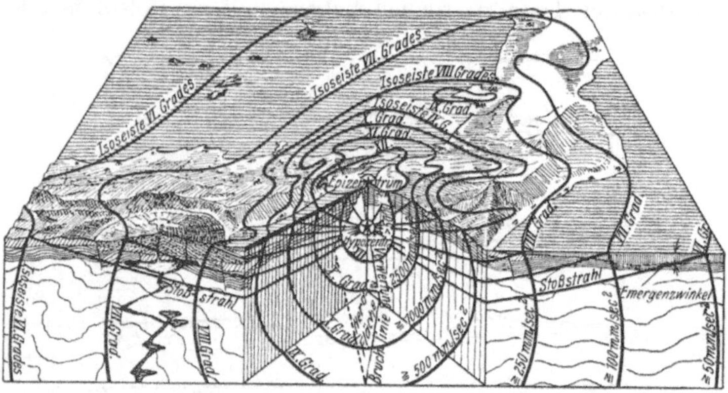

Abb. 41. Grundbegriffe der Erdbebenforschung veranschaulicht am Messinabeben vom 28. Dezember 1908. Nach Originalmodell von A. Sieberg im Deutschen Museum zu München. Herdgebiet und oberflächliches Erschütterungszentrum (Epizentrum). Linien gleicher Erdbebenstärke (Isoseisten).

angenommen wird, Äußerungen des Zusammenbruches der Erdrinde dar, vielmehr müssen wir in ihnen die lebendige Fortsetzung der Gebirgsbildung selbst, nur in sehr abgeschwächter Form erblicken. Bei ihnen hat man wiederum solche zu unterscheiden, die auch ohne Meßinstrumente (Seismograph) feststellbar sind und die man als megaseismisch bezeichnet, neben anderen, die nur von besonders fein abgestimmten Apparaten, selbst noch auf größte Entfernung hin, aufgezeichnet werden (mikroseismisch). Unterscheidet man auch im allgemeinen tektonische, vulkanische und Einsturzbeben, so stellt es sich doch mehr und mehr heraus, daß die Gruppe der Erschütterungen erster Art bei weitem überwiegt. Alle weithin fühlbaren, bzw. auf sehr große Entfernungen registrierten Beben, von denen die als *Weltbeben* bezeichneten den größten Wirkungsbereich haben und am weitesten spürbar sind, sind tektonischer Natur. Das heißt sie sind durch die letzten ausklingenden Bewegungen der Gebirgsbildung ausgelöst worden, vor allem dort, wo diese nicht gleichmäßig (epeirogenetisch) fließend abliefen, sondern irgendwelche in der Tiefe liegende Widerstände zu überwinden hatten. Ein Beispiel aus der Gletscherwelt Grönlands bietet einen Vergleich. Von Zeit zu Zeit werden dort sog. Eisstöße und erdbebenartige Erschütterungen verspürt, wenn die fließende Bewegung des Gletschereises auf einen Widerstand stößt oder sich von einem Hindernis frei macht.

Es ist deshalb begreiflich, daß wir die Erdbeben vor allem im Bereich der orogenetischen Zonen antreffen; aber nicht nur auf den Festlandsschollen, sondern auch als Bewegungen am Grunde der Meere (Seebeben). In den Tiefseegräben, an den Rändern des Stillen Ozeans, scheinen beispielsweise solche submarinen Zonen vorzuliegen, die noch besondere Beweglichkeit zeigen und in deren Nähe sich die Ursprungsstellen (Epizentren) stärkster Beben häufen (Abb. 41).

Fortpflanzung der Erdbebenwellen. Die Erdbebenwellen werden aber nicht von allen Gesteinen in gleicher Weise weitergeleitet und von manchen tiefreichenden Brüchen oder Störungszonen zurückgeworfen. So kann man, aus dem Bilde der stärkeren oder geringeren Erdbebenwirkung an der Erdoberfläche, sehr wohl einen Schluß ziehen auf die Verteilung der Schollen in der Tiefe (Seismotektonik). Eine solche Erdbebenschollenkarte bildet oberflächlich in dem verschiedenen Verlauf der Linien gleicher Erdbebenstärke (Isoseisten) oftmals ein überraschend deutliches Bild der unterirdischen Gesteinsmassen und ihrer Lagerungsverhältnisse ab. Man hat deshalb auch mit Erfolg begonnen, durch Sprengungen, künstlich Erschütterungen des Bodens zu erzeugen. Aus dem, in gleicher Weise wie bei den Erdbebenerschütterungen, instrumental gemessenen Verlauf der Wellen kann man dann einen Rückschluß auf die Verteilung von Gesteinen und besonders nutzbaren Lagerstätten ziehen. Umgekehrt hat man die Erdbebenerschütterungen als natürliche Experimente gewertet, die uns wichtige Ergänzungen für den Bau der Schollen und ihre Tektonik liefern. Hierbei sind es aber vornehmlich megaseismische Beobachtungsmethoden, nach dem Grade oberflächlicher Zerstörung an Gebäuden, die man mit Erfolg zum Vergleich heranzieht.

Seismotektonik. So hat das süddeutsche Erdbeben vom 16. November 1911 uns, in der genauen Auswertung aller örtlichen Beobachtungen, erst manche Aufschlüsse über Schollenzusammenhänge in Schwaben und im Schwarzwald ermöglicht. Die Erdbebenhäufigkeit in Deutschland steht andererseits in engster Beziehung zu den Bruchzonen. Das Korinther Erdbeben vom 22. April 1928 und die ihm vorangegangenen Beben in der Levante (Rhodos 1926 und Palästina 1927), die ganz verschiedene Ausbreitung entlang des östlichen Mittelmeeres zeigten, geben sehr wertvolle Aufschlüsse über die Beziehungen der afrikanischen und europäischen Küsten und einige diese Erschütterungen wiederum hemmende Bruchzonen. Die *Seismotektonik* ist somit zu einer neuen Hilfswissenschaft in der Erforschung des Bodens und der letzten Auswirkung orogenetischer, d. h. episodisch auftretender Schollenbewegungen geworden.

So schwach diese Reaktionen auch sind, haben sie doch meistenteils nichts mit den langsam und gleichmäßig fortschreitenden Hebungen und Verschiebungen (Epeirogenese) zu tun. Sie werden daher nur dort auftreten, wo diesen sich ein Hindernis in den Weg stellt, das zu überwinden ist. Demnach haben wir sie bei den synorogenetischen Folgeerscheinungen der Gebirgsbildung einzureihen. Da uns aber fortlaufend registrierte Messungen der geringfügigen Bodenschwankungen und Hebungen noch fehlen, und andererseits manche solche Hebungsgebiete auch gelegentliche — mehr lokale — Erdbebentätigkeit aufweisen (Skandinavien), ist eine Abgrenzung der Synorogenese von den rein epeirogenetischen Bewegungen freilich nicht immer möglich. Wir können daher auch nicht immer sicher sagen, ob dasjenige, was uns als Hebungen oder auch Senkungen entgegentritt, nicht auch als Folge von, gelegentlich unterbrochenen, Erdbebenbewegungen anzusehen ist. Das Beispiel der Küste von Kreta, wo nach dem Levantebeben von 1926 eine Hebung um 40 cm stattfand (Abb. 38), zeigt uns eine solche Küstenhebung als Folge von Erdbeben, wie auch die Veränderungen in der Sagamibucht (Japan) nach dem Tokiobeben (Abb. 39) von 1923 solche Folgeerscheinungen aufweisen.

4. Die Heraushebung der Gebirge.

Stockwerke und Phasen der Gebirgsbewegung. Wieweit haben alle diese Feststellungen Bedeutung für die Entstehung der Bergformen? Man hat oft von der Auffaltung der Gebirge gesprochen und damit früher gemeint, daß auch die Gestaltung der Berge durch die Faltung geschaffen wurde. Neuere Untersuchungen haben gezeigt, daß man *verschiedene Stadien der Gebirgsgestaltung* zu unterscheiden hat. Die primäre Form der Gebirgsbildung spielte sich tief in der Kruste ab, gleichviel, ob man von Kontraktion der Erdkruste, von Strömungen oder Schwellungen des Magmas dabei spricht. Eine zweite Phase umfaßt alles das, was wir als Faltung, Bruchbildung, Überschiebung und Verschiebung kennenlernten. Es ist aber nicht gesagt, daß sich das schon an der Oberfläche der Erde abspielte, da wir ja dabei an eine gewisse plastische Beweglichkeit des spröden Materials, unter dem Druck der darüber lastenden Massen denken. Manche Faltenbildungen, die aus den größeren Sammelmulden emporwuchsen, haben dabei sicher auch *submarin* begonnen. Wenn also bei allen diesen Vorgängen überhaupt eine nennenswerte Aufwölbung und Hebung über die mittlere Landfläche stattfand, so ist ihr sicher bald wieder eine Senkung gefolgt. Das, was wir von dem Ausgleich der Massen und der Veränderung des Schwerebildes erwähnten, wird auch hier Geltung haben. So wissen wir, daß nach der (sog. variscischen) Faltung der Mittelgebirge Deutschlands, im Karbon, sehr bald eine Zeit der Senkung folgte, die z. B. an den Ablagerungen des flachen Zechsteinmeeres festzustellen ist, das über die Sättel und Mulden des karbonisch gefalteten Gebirges, wie im Thüringer Wald, transgredierend hinübergriff. Anders ist es nicht zu erklären, wenn man auf der Höhe der Bohlenwand

(Abb. 14), aber ebenso bei Oberhof und Steinheid, also im jetzigen Kammgebiet des Thüringer Waldes (etwa 800 m Höhe), solche Ablagerungen antrifft.

Also muß man für die eigentliche Formengestaltung der Gebirge noch eine dritte Bewegungsphase annehmen, die vielfach erst wesentlich später folgte und z. T. auch ältere Gebirgsschollen wiederergriff. Zu dieser Phase gehören diejenigen Bewegungen, die unter dem Begriff der Synorogenese und Epeirogenese zusammengefaßt wurden. Diese drei Bewegungsstadien sind nicht nur zeitlich, sondern auch räumlich zu verstehen, da die primären sich in sehr großer Tiefe abspielten, die sekundären immer noch unter Belastungsdruck und erst die letzte Gruppe solche Bewegungen umfaßt, die sich wohl größtenteils an der Oberfläche der Erde vollzogen.

Junge Hebung der Hochgebirge. Demnach scheint es sicher zu sein, daß gegenüber der bislang für die morphologische Gestaltung des Gebirgsreliefs überschätzten Orogenese auch die epeirogene Heraushebung einige Bedeutung besitzt; *vielleicht sogar eine größere Rolle gespielt hat* als diese. Die Erfahrungen der neuesten Gebirgsaufnahmen geben uns darin recht, wenn wir feststellen, daß junge Meeresablagerungen der Tertiär- und Quartärzeit, diskordant und hochgehoben, über älteren und gefalteten Schichten, nicht nur an den Hebungsküsten (Abb. 27), sondern auch im alpinen Gebiet selbst anzutreffen sind.

Von der internationalen Himalajaexpedition 1930 wird neben den hochgelegenen Sedimentresten (Kalkschiefer vom Jongson Peak — 7459 m —, Abb. 42, dem höchsten bis dahin von Menschen betretenen Gipfel der Erde) die Aufragung der Mt. Everest- und Kangchendzöngagruppe von 8800 bzw. 8600 m Höhe über eine *Gipfelflur* von 6400 bis 6900 m erwähnt, die sich gleichmäßig über den ganzen Himalaja ausbreitet. Sie wirken als „Inseln im Gipfelmeer" und verdanken ihre heutige Gestalt und Höhe jugendlicher Hebung, die vielleicht als posttertiär, wahrscheinlich sogar als postdiluvial zu bezeichnen ist (Abb. 42). Die jetzige Wasserscheide bilden diese höchsten Gruppen nicht, sondern nördliche viel niedrigere Ketten. Wenn dabei dem Gedanken Raum gegeben wurde, daß diese Gipfelgruppen wahrscheinlich noch jetzt wachsen und weiterer Hebung unterliegen — und wenn auch jährlich nur um einige Millimeter —, so werden damit Erscheinungen angedeutet, die auch für alpine Gebirge zutreffen dürften. Hier haben sie aber noch nicht

Abb. 42. Mt. Everest und Makalu (links im Hintergrund) über die Gipfelflur des Himalaja aufragend. Gesehen von Jongsong Peak. (Int. Himalaja-Exped.) Aufn. G. Dyhrenfurth 1930.

die genügende Beachtung gefunden und wurden, im Vergleich zu den mittleren Gebieten, auch meist noch nicht meßbar erfaßt.

Die Gipfelflur der Alpen. Auch in den Alpen haben wir *Gipfelfluren* (Abb. 43). Darunter versteht man, daß die Gipfel eines begrenzten Gebietes an eine bestimmte ausgeglichene Höhenlinie gebunden sind und vielleicht ein altes

Abtragungsniveau darstellen. Solche Gipfelfluren sind völlig unabhängig vom Gesteinscharakter, da bei den meisten von ihnen die gleiche Gipfelhöhe Gebiete mit ganz verschiedener Gesteinszusammensetzung umfaßt. Auch die alpinen Gipfelfluren werden ausnahmsweise von einzelnen Gipfeln überragt, die als Hinweise dafür angesehen werden müssen, daß auch die alpinen Hochgebirge noch in der Entwicklung begriffen sind. Sie stellen daher „keineswegs geschleifte Ruinen dar, sondern sind der äußere Ausdruck für das Leben des Gebirges" und Zeuge dafür, daß sich das Hochgebirge der Alpen

Abb. 43. Gipfelflur der Alpen im nördlichen Stubai vom Hocheder gesehen. Aufn. M. Richter, Bonn.

noch nicht im Stadium des Alterns, sondern der kräftigsten Entwicklung befindet.

Die Alpen sind wohl noch nie höher und hochgebirgiger gewesen als sie es heute sind." Damit ist aber der gleiche Gedanke wie für den Himalaja ausgesprochen, daß die äußere morphologische Gestalt des Hochgebirges einmal eine einfachere, flächenhaftere war (wahrscheinlich nach der Zeit der Deckenüberschiebungen) und daß die Abtragung, während und nach der Eiszeit, das vielgestaltige Relief erst geschaffen hat. Aktuelle Veränderungen sind aber noch immer an der Arbeit, diese Formen umzugestalten. Wir werden solche in epeirogenetischen Schwankungen und differenzierten Bewegungen einzelner Schollenteile zu sehen haben, als Folge des isostatischen Ausgleichs, den wir der dritten Periode der gebirgsbildenden Erscheinungen zurechneten.

Hebung und Oberflächengestalt der Gebirge. Neben den verschiedenen Gipfelfluren, die sich, am Rand des Gebirges, zu verzahnen und ineinanderzugreifen scheinen, haben wir aber noch andere Erscheinungen, wie Einebnungsflächen, und Hebungsniveaus (Piedmontflächen usw.) kleineren und größeren Ausmaßes, die uns in älteren und jüngeren Gebirgen und Gebirgsrümpfen entgegentreten. Schließlich zeigt uns die Entwicklungsgeschichte mancher Tallandschaft — nicht immer nur durch die Terrassenbildungen — und in gleicher Weise auch die Verlegung von Wasserscheiden, die nicht überall auf verstärkte Erosionswirkung zurückgeführt werden kann, die jugendliche Entstehung und Bewegung ganzer Gebirgsstöcke und damit die Tieferlegung oder Hebung des Niveaus an, in dem die abtragenden Kräfte ihren Ausgleich finden (Verlagerung der Erosionsbasis, Erhöhung des Gefälles). Manche auffallende Oberflächenformen des Gebirges wird man daher einer erneuten Bearbeitung unterziehen müssen, wenn es gelingt, auch für das Innere der Gebirge, durch regelmäßigen Vergleich von Meßpunkten, die jugendliche Hebung zur Erklärung verschiedener Formen von Talerosion, Einebnungsflächen usw. heranzuziehen.

Nur einige Beispiele sollen herausgegriffen werden. In den Gurktaler Alpen stellte man mehrere Bewegungen und Aufwölbungen fest, durch die tertiäre Sedimente bis 1800 m hochgehoben wurden. Zur Zeit der Ablagerungen der Tertiärschichten des Lungau bestand noch kein Gebirge. Demnach müssen sämtliche Ebenheiten unter dem Firnfeldniveau jünger als Untermiozän sein und die morphologischen Formen des Gebirges können erst, innerhalb des seitdem vergangenen Zeitraumes, entstanden sein. In den Nordalpen wurde darauf hingewiesen, daß nicht nur eine, sondern mehrere ineinander verzahnte und z. T. verbogene Gipfelfluren vorhanden sind, als Zeugen dafür, daß das *Hochgebirge noch in aufsteigender Entwicklung* begriffen ist. Endlich ist auch noch auf die interessanten Beziehungen hinzuweisen, die sich zwischen

Gipfelfluren, Schwerebild und der Verbreitung der alpinen Erzlagerstätten ergeben. Daraus folgerte man, daß die *Gestalt der Gipfelfluren beträchtliche Veränderungen* erlitten hat und daß besonders Gebiete der Unterschwere (im Gegensatz zu solchen mit Massenüberschuß), wie sie aus den Karten der Schwereverteilung hervorgehen, in *jüngerer Aufwärtsbewegung* begriffen sind. Die kartenmäßige Darstellung der Gipfelfluren bietet demnach auch ein Momentbild des heute noch fortschreitenden Großfaltentwurfes der Gebirge und ihrer anscheinend säkularen Bewegungen. Im Gebiet der Betischen Kordilleren Südostspaniens wurden vor kurzem ebenfalls die Beziehungen zwischen dem Bild der Schwereverteilung (Isostasie) und den epeirogenen Bewegungen der Quartärzeit untersucht. Dabei gelang es wiederum enge Beziehungen zwischen Gebieten der Unterschwere, die durch ihre Hebungstendenz dem Gleichgewicht zustreben, und den gehobenen Strandterrassen der jüngst vergangenen Zeit an der andalusischen Küste nachzuweisen.

Positive Gebirgsbildung. Solche „positive Gebirgsbildung", die bis in unsere Tage fortdauert, wenn sie auch noch nicht genau rechnerisch festgelegt ist, tritt uns auch in manchen anderen Gebirgen rings um das Mittelmeer entgegen. Die hochgehobenen Schollen alten Gebirges der Sierra di Guaderrama zwischen Alt- und Neukastilien, das gleichalte Gebiet der Rhodopen in Bulgarien zeigen Beispiele besonders starker nachträglicher Heraushebung, gegenüber den wesentlich jüngeren Gebirgen der weiteren Umgebung. Aber auch manche tiefeingeschnittenen Talformen, am Rand der alten Rumpfschollen unserer Mittelgebirge (z. B. manche Täler des Harzes und am Südrand des Thüringer Waldes), deuten auf „positive Gebirgsbildung" jüngster Zeit und lassen darauf schließen, daß hier Veränderungen vorliegen, die mit der älteren (variscischen) oder auch nachträglichen (saxonischen) Gebirgsbildung nichts zu tun haben, sondern höchstens in erdgeschichtlich nicht weit zurückliegende Zeiten (Pliozän oder Quartär) reichen. Von jungen Hochgebirgsformen seien nur die Appuanischen Alpen in Toskana, mit ihrer jungen Heraushebung und ihrer tiefeingeschnittenen Zertalungen erwähnt, die von allen sonstigen Formen des Nordapennin abweichen. Ebenso auch das Hochland von Kleinasien, mit seiner Hochschollennatur, das von den gleichen, tertiären Schichten (Konia) überdeckt wird, die an der Mittelmeerküste, mehr als 1000 m tiefer, gleichfalls in horizontaler Schichtung anzutreffen sind. Das Obermiozän zeigt keine Verschiedenheiten zwischen dem hochgelegenen Kylikien und der syrisch-mesopotamischen Tafel an der Küste. Schließlich wissen wir, daß die Anden Südamerikas, seit dem Jungtertiär, bis zu 2000 m gehoben wurden, und daß die Schichten der Potosiflora, im Lauf des jüngsten Tertiärs und Quartärs, ihre Höhenlage um 1000 bis 2000 m veränderten.

Heraushebung der Alpen. Im Gebiet der Alpen selbst wurde darauf hingewiesen, daß einzelne Schichtabsätze des Jungtertiärs von mariner Entstehung, besonders die Pontische Stufe, am Rande der Ostalpen und des Steirischen Beckens diskordant über dem gefalteten Gebirge liegen und verschieden hoch gehoben (550 bis 600 m) wurden. Daraus ergibt sich eine *Heraushebung der Alpen im Lauf der jüngsten Tertiärzeit* (Pliozän). Diese erfolgte Streifen- und Schollenweise, so daß, nach der Lage dieser tertiären Reste, sich einzelne Hebungsniveaus feststellen lassen. Als Ganzes haben sich dabei wohl immer nur engbegrenzte Massen bewegt, bedingt durch Untergrund, Umwelt und Widerstand der Zwischengebirge älterer Faltung, und der gleichfalls älteren Vorlandsgebiete. Ein gleiches gilt für andere mediterrane Gebirge, jugendlicher Entstehung, die z. T. noch nicht so weit wie die Alpen herausgehoben wurden. Bei diesen ist der Hochgebirgscharakter daher weniger ausgeprägt (Apennin — Karpathen) oder es lassen sich verschiedene Erhebungszonen erkennen (Tatra — Beskiden), in deren Bau wir deutlich Zonen der Aufwölbung und Veränderung (Kulminations- und Depressionslinien) feststellen können.

Diese hohe Lage mariner Tertiärschichten genügt natürlich noch nicht, um auch eine Vorstellung von den Vorgängen in der Gegenwart zu gewinnen. Sie zeigen uns aber, daß die Hochgebirge nicht durch Falten- und Deckenbau „aufgefaltet" oder gar emporgehoben wurden. Dieser Prozeß der Heraushebung, den wir der dritten Gebirgsbildungsphase oder der „Tertiärtektogenese" zurechneten, ist nämlich viel jünger und nicht unähnlich dem, den wir auch an unseren Mittelgebirgen und eingangs an den Bergen des Saaletales feststellten.

Daraus erklärt sich auch die geophysikalische Bedeutung der Schwereunterschiede in den junggefalteten Gebirgen und in den Tiefländern. Wenn wir auch erst am Anfang dieser Untersuchungen stehen, so sehen wir doch, daß es einmal möglich sein wird, diese Feststellungen über den Tiefenbau der Schollen für die genetische Erklärung der Oberflächenformen dienstbar zu machen. Trotzdem das Netz der Schweremessungen noch viel zu weitmaschig ist und die Schwerekarten noch zu lückenhaft sind, geben sie uns doch schon einige Anhaltspunkte, die aber noch eines weiteren Ausbaues dringend bedürfen. Manche morphologischen Fragen der flächenhaften Abtragung und Heraushebung, der Talgeschichte und Flußaufschüttungen, die bisher noch einer genauen Messung und weiterreichenden Kontrolle entbehren, werden in Zukunft aber in die Untersuchungen mit einbezogen werden müssen und dadurch vielleicht eine exaktere Begründung erhalten.

5. Gebirgsbewegungen und meßbare Niveauveränderungen.

Zahlenmäßige Feststellung von Niveauveränderungen haben wir verschiedene, schon in den Küstengebieten und innerhalb der Festlandschollen, kennengelernt. Es sei nur an die skandinavische Küste erinnnert, deren Bewegung in den einzelnen Gebieten zwischen —1 · und + 11 cm jährlich schwankt. Seit der Eiszeit beträgt die gesamte schildförmige Aufwölbung Fennoskandias bis zu 275 m (gemessen an Terrassen und Glazialablagerungen), wobei das Innere der schildförmigen Masse stärker herausgehoben wurde als die Außenränder. Im Gegensatz dazu senkt sich die deutsche und holländische Nordseeküste noch heute. Bei Hamburg sind aber tiefste Moränen der Eiszeit bei —275 m erbohrt worden; das Land muß damals also viel höher gelegen haben. Von der Mittelmeerküste Italiens wurde die Insel Palmarola mit einer, freilich wohl vulkanischen, Hebung von 64 m in 53 Jahren schon erwähnt. Für das Niederrheinisch-Westfälische Schollengebirge hat man Schollenbewegungen, bis zu 7 mm jährlich, an der Hand zahlreicher Feinnivellements der Landesaufnahmen und von Grubennivellements festgestellt. Als regionale Bewegungen der Erdkruste, im gleichen Gebiet, Hebungen und Senkungen, die zwischen + 1,2 mm und — 1 mm im Jahre schwanken. Auffallend sind ebenso die Veränderungen, die an Ingenieurbauten (Wasserstraßen, Eisenbahnen) des badischen Oberlandes gemessen wurden, als auch die Bodenbewegungen Frankreichs, die uns zeigen, daß dort Senkungen an der Nordküste bis zu 1 m im Jahrhundert stattgefunden haben.

Solch weitspannigen, die Struktur des Bodens erhaltenden Bewegungen, die nicht an besondere Bruchlinien gebunden sind, muß man wohl zu den epeirogenetischen Erscheinungen zählen, die man auch als Wellungen oder Undationen bezeichnet hat. Sie deuten aber immerhin auf Zusammenhänge mit den Sedimentations- und Abtragungsräumen der Vergangenheit hin und ebenso auf orogenetisch wichtige Störungszonen. So macht z. B. der Rheintalgraben die weitspannigen Aufwärtsbewegungen der seitlichen Randgebirge mit. Diese Feststellungen bedeuten aber erst einen Anfang und werden mit erhöhtem Interesse weiterverfolgt werden müssen, schon im Interesse des Bergbaus und des Verkehrs. Dazu sind regelmäßig wiederholte Präzisionsnivellements notwendig, wenn vom geologischen Standpunkt auch zu berücksichtigen ist, daß es schwer halten wird, *stabile Festpunkte* zu finden. Deren Beständigkeit kann immer nur relativ sein, wie alle Veränderungen des Bodens im Lauf der Erdgeschichte zeigen.

Im einzelnen können solche Bewegungen auch gelegentlich noch größer sein, wie uns die synorogenetischen Veränderungen, z. B. nach großen Erdbeben, zeigten. Auch solche hat man durch Messungen festzuhalten versucht. Auf der Grube Morgenstern bei Aachen, einer Gegend, die häufig von Erdbeben heimgesucht wird, hat man durch Nivellements festgestellt, daß sich Bolzen, die an einem großen Sprung ins

Gestein eingelassen waren, innerhalb von 2½ Jahren um 115 mm verschoben. Auch horizontale Verschiebungen hat man in dieser Weise festgehalten. An der 800 m langen S.-Andreas-Verwerfung in Kalifornien, deren Veränderung auch das Erdbeben von San Franzisko im Jahre 1906 verursachte, bewegen sich die Schollen, nach den regelmäßigen Kontrollen der amerikanischen Geologen, in horizontaler Richtung mit einem Betrage von 5 cm im Jahre.

Veränderungen im Alpengebiet. Die Zahlen, die bald noch weitere Ergänzung erfahren werden, da praktische Erwägungen weitere Untersuchungen dieser Art notwendig fordern, stammen bis jetzt nur aus Flachlands- und Küstengebiete, wo die Unterschiede am auffälligsten sind. Wie steht es nun mit den gebirgigen Ländern und vor allem dem Alpengebiet?

Einige wenige Messungen liegen vor, die aber meist das Vorland und vor allem Senkungserscheinungen betreffen. Eine besondere Stellung nehmen da die Untersuchungen im oberen Lechtale und im Flexenpaßgebiet ein, wo man Erdkrustenbewegungen nachwies, die in drei Jahren den Betrag einer *Hebung von 51,5 mm* ausmachen. Hierher gehören auch die Kontrollen an den bayerischen Feinnivellements, bei denen gezeigt wurde, daß diese Senkungen und Verschiebungen, unter Voraussetzung gleicher Stärke, für das Jahrhundert bis 30 cm betragen.

Diese Zahlen ergänzen das Bild, das wir schon aus anderen Gegenden gewonnen haben und zeigen uns, daß die kontinentalen Krustenbewegungen an den Gebirgen nicht haltmachen und daß auch diese sich in der Horizontalen, wie in der Vertikalen, ständig verändern. Wir sehen auch, daß sich einzelne Teile der Gebirge verschieden verhalten. Verschieden von den Mittelgebirgen, aus denen so manche solcher Veränderungen bekannt sind (Eisenberg i. Thür., Abb. 36), die lokal vielleicht auf Salzauslaugung und Senkungen tieferer Hohlräume zurückgeführt werden, aber auch, von allgemeinem Gesichtspunkt aus, einmal Bedeutung erlangen können. Wir dürfen daher zusammenfassend sagen, daß es sich bei den, nun bis an den Rand der Hochgebirgsschollen verfolgten Niveauveränderungen, um ganz allgemeine Erscheinungen handelt, die für die ganze Auffassung vom erdgeschichtlichen Werden von besonderer Bedeutung sind. In anderem Sinne wie einst Galilei wird man daher auch von der Erdoberfläche und ihren heute noch andauernden Veränderungen sagen können: „Sie bewegt sich doch."

Krustenbewegungen und geologische Zeitrechnung. Die Zahlen aus den Bayerischen Alpen erscheinen gering, gegenüber den Hebungen der skandinavischen Küsten oder der Senkung an der französischen Kanalküste. Setzt man sie aber in Beziehung zu der Zeit seit der *Alpenfaltung*, die in der Miozänzeit ihren Höhepunkt und Abschluß fand, und vergleicht diese Zeit mit den Berechnungen nach dem Atomzerfall und der Heliummethode, so kommt man zu einem Alter von 6 Millionen Jahren; geht man bis ins Alttertiär zurück, sogar von 26 Millionen Jahren. Nimmt man nur die schwachen Veränderungen von 0,30 m im Jahrhundert an, so ergibt dies für die 6000 Jahre der menschlichen Geschichte zwar nur 18 m, aber schon für die Zeit seit der Periode des Eiszeitmenschen von Heidelberg (Homo Heidelbergensis), vor 600 000 Jahren, 1800 m und seit der Miozänzeit 18 000 m, d. h., bei Hebung, eine Höhe, die doppelt so hoch ist wie der Mt. Everest. Bei den aus dem Lechtal berichteten Hebungen von 17 mm im Jahr würde schon in 600 000 Jahren eine Höhe von 10 200 m erreicht sein. Also mehr als die höchsten Höhen der Erde (Mt. Everest 8840 m); bei Senkung würde eine Tiefe erreicht, die ebenso groß ist als die der tiefsten Tiefseegräben (Emdentief in der Philippinenrinne 10 800 m). Dabei wissen wir natürlich nicht, ob diese Bewegungen der Gebirge immer gleichmäßig verliefen oder ob sie auch von Zeiten des Stillstandes unterbrochen waren. Wir sehen jedoch, daß keine unermeßlichen Erdperioden für die Vorstellung der Gebirgsaufwölbung nötig sind, und daß schon die jüngst zurückliegenden allein ausreichen würden, um das jetzige Höhenniveau zu erklären. Hierbei wird man annehmen dürfen, daß sowohl die horizontale wie die vertikale Komponente zusammengewirkt und Hebung und Senkung sich zeitweilig Schach gehalten haben. Die stärkeren Bewegungen, wie wir sie aus anderen Gegenden — freilich nicht überall durch Feinnivellements überprüft — aufzählten, würden uns zu ganz anderen Zahlen führen.

Nach diesen Messungen und der Beobachtung in verschiedenen Ländern und an vielen Küsten, ist es also durchaus möglich — in Verfolgung aktualistischen Denkens, d. h. bei Übertragung heutiger Beobachtungen auf den Gang der Erdgeschichte —, auch das Werden und Wachsen der Gebirge zu ihrer heutigen Gestalt durch solche Veränderungen zu erklären. Da diese auch heute noch nicht zum Stillstand gekommen sind, ist die Annahme durchaus nicht unwahrscheinlich, daß die Gebirge teilweise auch heute noch weiter wachsen.

Es war deshalb durchaus notwendig, den Vorgang der Gebirgsgestaltung in mehrere, sich folgende, Bewegungszeiten und verschiedene Bewegungsräume zu zerlegen, wie wir dies schon versuchten. Die Zeit der *eigentlichen Gebirgsfaltung* hat demnach Bewegungen hervorgerufen, die sich in mäßigen Höhen abspielten. Vielleicht begannen sie sogar noch in der Tiefe des geosynklinalen Senkungsraumes, der mit mächtigen Schichtanhäufungen erfüllt war, die später abgetragen wurden, aber während des Faltungsprozesses die nötige Belastung boten, unter der sich die bruchlose Faltung vollziehen konnte. Durch diese Faltung, die mehr in die Tiefe (Abb. 32) als in die Höhe wirkte, wurden aber auch die Glutflußmassen des Untergrundes seitlich verdrängt. Wenn bei der Faltung auch eine Höhenbewegung stattgefunden haben sollte, so sind diese zusammengepreßten Gebirge dann, nach der Faltung, unter dem Gewicht der angehäuften Massen bald wieder versunken. Dies zeigen uns die mitteldeutschen Gebirge, z. B. in der Überflutung Thüringens durch das Zechsteinmeer. Die eigentliche Gebirgsgestaltung der heutigen Formen (Heraushebung, positive Gebirgsbildung) war durch diesen Faltungsprozeß demnach noch nicht erreicht und vollzog sich erst im folgenden Stadium.

Magmatische Strömungen. Das in die Tiefe verdrängte Magma suchte einen Ausweg im Vorland der Faltung, wie uns die Vulkane des Hegau am Bodensee oder die Euganeen in Oberitalien zeigen und die jungvulkanischen Gesteine, die etwa gleichzeitig mit der Alpenfaltung an den Störungslinien und Schwächezonen der deutschen Gebirge ihren Weg an die Oberfläche suchten. Nur eine kleine Menge konnte, nach Abschluß der Faltung, in die am stärksten gelockerten Kern- und Wurzelzonen der alpinen Faltung wieder eindringen, wie die jungen tertiären Granite im Oberengadin (Bergell), am Adamello usw. oder die jungen Vulkane des Mittelmeeres, die im rückwärtigen Gebiet der Faltung, am Rand älterer Zwischengebirgsschollen, empordrangen. Die jungvulkanischen Gesteine, Ungarns, Campaniens und der Kykladeninseln im Griechischen Meer gehören dazu.

Nachdem aber die eigentliche Bewegung vollkommen abgeklungen und die Faltungsgebiete, auch der alpinen Gebirge, im jüngsten Tertiär z. T. wieder unter den Meeresspiegel gesunken waren, begann erst die *rückläufige Bewegung.* Auch die magmatischen Glutmassen suchten einen Ausgleich und strömten in ihren einstigen Bereich unter die alpinen Faltenkörper zurück. Dabei wurden diese selbst gehoben, z. T. in einzelnen Schollen mit verschiedener Eigenbewegung, wahrscheinlich aber auch, indem an anderen Stellen ganze Massen einer einheitlichen Aufwärtsbewegung unterlagen. Aus dieser Zeit stammen die vielen hochgelegenen Reste tertiärer und quartärer Ablagerung — am Rand und auf den Höhen der jungen Gebirgsländer (z. B. Kleinasien) und manche der gehobenen Küstensedimente und Strandterrassen, wie in Kalabrien. Dazu kommt die Wirkung der Abtragung. Die Entlastung des Gebirges von dem zerstörten und weggeführten Gesteinsmaterial mag gleichfalls zur Heraushebung beigetragen haben. Jedenfalls aber hielt die Zerstörung und Abtragung mit der Hebung nicht gleichen Schritt, sondern wirkte langsamer; sonst hätten wir ja keine herausmodellierten Gebirgsformen, sondern nur einförmige Einebnungsgebiete gehobener Art.

Alles, was wir an jugendlichen Bergformen kennen und was zum Formenschatz der alpinen Morphologie zählt, entstammt dieser Periode, die anscheinend noch nicht ihr Ende erreicht hat. Denn diese jungen, alpidischen Faltungszonen der Erde, im Gürtel der Mittelmeere und rings um den Stillen Ozean, zeigen bis auf unsere Tage, nicht ohne Grund, eine so enge Verbindung mit den Gebieten stärkster seismischer Erschütterungen und heftigster vulkanischer Ausbrüche.

Das Bild unserer Gebirge aber wird dadurch etwas lebendiger. Nichts Gewordenes, sondern etwas Werdendes. Die Erde lebt noch und atmet gleich einem lebendigen Körper, im Ausgleich der Massen und der subkrustalen Strömungen. Es sind nicht die plötzlichen Zuckungen der Erdbeben und die krisenhaften Episoden der Orogenese oder eigentlichen Gebirgsbildung maßgebend für die allmähliche *Umgestaltung des Weltbildes*, sondern die gleichmäßigen Hebungen und Senkungen und weitgespannten Bewegungen. Die Berge und Gebirge aber, in denen sich dies Werden und Vergehen, in gesteigerter Form, abspielt, sind auch nach ein- und mehrmaliger Faltung noch nicht zur Ruhe gekommen. Sie sind auch nicht allein durch die Kraft der Erosion herausgemeißelt worden, als Ruinen einstiger, größerer Pracht, wie man das vielfach annahm. Sondern, wie die bis jetzt noch unerstiegenen Eiswände des Kangchendzönga zeigen, ist ihre Gestaltung in jeder Gruppe von eigenen Gesetzen bedingt, kraft deren auch die Berge heute noch sich *heben, leben und wachsen.*

Dritter Teil.

Der Rhythmus der Erdgeschichte.

1. Die Abtragung und Zerstörung der Gebirge.

Die Gesetze der Hebung beherrschen nicht nur den Bau der Gebirge, sondern letzten Endes werden alle Veränderungen der Erdoberfläche, sei es oberflächlich, sei es in der Tiefe, von ihnen beeinflußt. Die Berge und besonders die jungen Gebirge werden, mit dem Augenblick der Heraushebung über ihre Umgebung, der Zerstörung ausgesetzt und es beginnt ihre Abtragung. Sie müssen sich ständig verjüngt haben dadurch, daß die Hebung schneller vor sich ging als die Zerstörung, sonst würden auch die jungen Gebirge nicht anders aussehen als unsere Mittelgebirge, meist älterer Entstehung, bei denen die Abtragung schneller wirkte und die Hebung allmählich zurücktrat. Die Abtragungsmaterialien häuften sich aber am Rand der Hebungsgebiete an. Wenn es heute heißt: „*Sedimente sind fixierte Vertikalbewegungen*", so werden wir diese Erklärung, die schon früher angedeutet wurde, als wir die verschiedenen Schichtbildungen kennenlernten, jetzt noch besser verstehen.

Bewegung und Schichtung. Sowohl die Mächtigkeit wie den Wechsel der Schichten können wir z. T. durch Hebungs- und Senkungserscheinungen in befriedigender Weise erklären, besonders wenn wir sehen, wie stellenweise Flachwasserbildungen zu mehreren hundert Meter Mächtigkeit angehäuft sind. Stillstandsphasen oder Hebungen deuten dann Unterbrechungen oder *Schichtlücken* an; Geröllleinlagerungen weisen auf Küstennähe und tonige Absätze auf eine Vertiefung des Sedimentationsraumes. So läßt sich der ganze *Wechsel der Erdgeschichte* größtenteils nur durch solche

Schwankungen des Bodens erklären, wie wir dies im Relativitätsgesetz des geologischen Geschehens schon kennenlernten. Nicht nur räumlich und zeitlich sind die Schichtbildungen zu verstehen, sondern als *Zeitmarken eines bewegten Raumes*, wo jede Schicht einem Chronometer des Werdens entspricht.

Über die Schnelligkeit dieses Ablagerungsvorganges vermögen wir jedoch nur sehr wenig auszusagen. Aus der Gegenwart wissen wir nur, daß die Bildung von Sedimenten außerordentlich langsam vor sich geht und daß ihre Mächtigkeit kein Beweis für das Alter oder die Zeiträume der Ablagerung ist. Aus der Vergangenheit kennen wir wohl die Höhenlage gleichalter Schichten, aber nicht die Zeit und die Schnelligkeit, mit der die Bewegung vor sich ging.

Wenn wir von den im vorhergehenden Abschnitt gewonnenen Erfahrungen, über meßbare Veränderungen, ausgehen wollten, so würden wir bei Übertragung von einem Teil auf den ganzen Verlauf der gesamten Schichtungsvorgänge doch einem Trugschluß unterliegen. Denn beim Schichtungsprozeß handelt es sich nicht wie bei den hohen Gebirgen nur um jüngst vergangene Zeiten, sondern um Hunderte von Jahrmillionen. Wir dürfen aber annehmen, daß die Vorgänge sich in gleichem Wechsel abspielten und daß auch den schwachen Schwankungen oder Oszillationen des Bodens, die sich in den Schichtgebilden als steingewordene Zeugen der Vergangenheit erhalten haben, das gleiche Streben nach Isostasie, d. h. nach Gewichtsausgleich der Massen, zugrunde liegt.

In diesem Sinne haben wir Meeressedimente der sinkenden und steigenden Räume unterschieden. Als Beispiel für die erste Gruppe sind alle Schichten der Sammelmulden, sowohl älteren wie jüngeren Datums zu nennen. Dazu gehören die Kulmschichten des Karbons, wie der Flysch der Kreide- und Tertiärzeit, der in den Alpen eine so große Rolle spielt. Zur zweiten Gruppe, die steigenden Räumen entstammt, gehören in den Alpen die Molassebildungen der Tertiärzeit mit den mächtigen Geröllen der Nagelfluh, die den Rigi am Vierwaldstätter See und den Pfänder am Bodensee (b. Bregenz) aufbauen.

Nutzbare Lagerstätten. Eine besondere Gruppe von Bodenablagerungen stellen die nutzbaren Lagerstätten, wie Kohle, Salze und Erdöl, dar, deren Entstehung und Anhäufung in größeren Beckenräumen, gleichfalls nur in sinkenden Gebieten vor sich gehen konnte. Sei es, daß die tropischen *Wälder der Steinkohlenzeit,* am Rand der Gebirge, ungeheure Holzmassen aufstapelten, indem sie am Rand der sinkenden Vortiefen, sich immer von neuem, in üppigem Wuchs ausbreiteten, auch wenn sie Hunderte von Malen immer wieder von der vordringenden Flut mit Schlamm und Sand überdeckt wurden. Sei es, daß die tertiären *Waldmoore der Braunkohlenzeit* sich in den Hohlformen des Landes ausbreiteten, die vordem durch Auslaugung der Salzlager in der Tiefe entstanden. Wenn die Braunkohlenlager nur einen Bruchteil der 3000 m (Westfalen) bis 7000 m (Oberschlesien) betragenden Steinkohlenschichtenfolge ausmachen, so liegt der Unterschied nicht zum wenigsten darin begründet, daß dem ständig sinkenden Raum der karbonischen Randmulden wohl nur ein ein- oder zweimaliger, zum mindesten schwächerer, Senkungsvorgang der jüngeren Auslaugungsräume gegenübersteht. Auch die Erdölbildungen haben sich in den großen, mit Schwemmlandsmaterial angefüllten, Senken angehäuft, wenn sie auch sekundär die Eigenschaft zeigen, daß sie — weil leichter als Wasser — vielfach aufsteigen und daher in den Sätteln und Aufwölbungen oder an ihrem Rande anzutreffen sind.

Formationswechsel. Kommt es uns darauf an, ältere und jüngere Schichten zu trennen oder die tiefer einschneidenden Grenzen festzustellen, so sind es wiederum Merkmale, die wir auf Bodenschwankungen zurückführen müssen. Denn Diskordanz oder die Ungleichförmigkeit der Lagerung beruht auf Hebung, Bewegung und Neigung der Schollen, ebenso wie die dadurch bedingten Fluten des vordringenden und zurückflutenden Meeres, die wir in Transgressionen und Regressionen kennenlernten. *Hierauf beruht aber das ganze Problem des Schicht- und Formationswechsels,* was bisher meist zuwenig in den Vordergrund gerückt wurde. Man könnte mit gutem Grund eine Schwankungs- und Oszillationsgeschichte des Bodens, auf Grund der Wechselfolge der Formationen aufstellen, die bis in unsere Tage fortgesetzt, uns erst das richtige Verständnis für Schicht und Faciesbildungen zeigen würde. Nicht das zeitlich-historische Moment, mit menschlichem Maßstab gemessen, ist hier das wichtige, sondern das räumliche der Schollenbewegungen, die den regelmäßigen Atem des Erdkörpers widerspiegeln. Die Untersuchungen über Schwellen und Becken und der darin abgelagerten Schichten, das Wandern der randlichen Tiefen (Saumtiefen) vor den Gebirgsvorländern, und über die mehrfach erwähnten Hebungen und Senkungen in historischer Zeit, sind alles Vorarbeiten für eine solche epeirogenetische Geschichte der Schwankungen an der Erdoberfläche und damit der stratigraphischen Erdgeschichte selbst. Diese aber muß noch der Zukunft vorbehalten bleiben, da man das Material erst zu sichten beginnt.

Primäre und sekundäre Gesteine. Aber noch ein anderer Unterschied der Gesteine der festen Erdrinde ist hier zu erwähnen. Im ersten Abschnitt haben wir die Gesteine von den Meeresbildungen zu den Sedimenten, den Glutflüssen des eruptiven Magmas, zu den kristallinen Schiefern und schließlich zu den Tiefen des Erdinnern verfolgt. Diese Aufeinanderfolge stimmt aber nicht. Sie war nur nötig des leichteren Verständnisses halber, und weil bei erdgeschichtlicher Betrachtung die Schichtgesteine im Vordergrund stehen. Genetisch ist die Ableitung der Gesteine und ihr Werdegang gerade umgekehrt.

Nach Bildung der ältesten Erstarrungskruste der Erde und deren Abkühlung, begann auch sehr bald die Kondensation des Wasserdampfes. Damit auch der Kreislauf des Wassers, auf den wir die Schichtgesteine dann zurückzuführen haben. Aus der Zerstörung und Auflösung der ursprünglichen Eruptivgesteine bildeten sich erst die Absätze der geschichteten Gesteine, die aber noch mehrfach von neuen Magmadurchbrüchen durchstoßen und verändert wurden. Auch der Wechsel zwischen eruptiven und sedimentären Gesteinen, der vor allem als ein Kampf um den Platz anzusehen ist, wird durch Belastung und Entlastung durch die, allmählich sich immer mehr anhäufenden, Schichtbildungen gefördert. Denn diese Sedimente bleiben natürlich ebensowenig von der Zerstörung und Abtragung verschont, wie die durch Umwandlung (Metamorphose) veränderten Gesteine oder die magmatischen Massen der Tiefe. Sobald sie nämlich in den Abtragungsbereich der Erdoberfläche gelangen, werden sie auch dem Kreislauf des Wassers und damit der *Verwitterung* und *Zerstörung*, schließlich sogar der *Abtragung* und Fortführung ausgesetzt.

Abb. 44. Der verlandende See Laidaure am Rand des Sarekgebirges (Schweden). Die vom Fluß angeschwemmten Massen werden vom See aufgefangen und haben diesen schon zur Hälfte zugefüllt. Altwasser und Deltabildungen. 1910.

Diese Umlagerung der Sedimente stellt sogar einen besonders wichtigen Kreislaufprozeß dar. Wenn wir ein Schichtgebirge haben, das in der Tiefe aus grauen Kalken, darüber roten Sandsteinen und Geröllen besteht und dann wieder von Kalken, Mergeln und Schiefern bedeckt wird, wie wir dies in der Folge Silur, Devon und Karbon in einigen Teilen Nordeuropas feststellen können, so wird bei der Abtragung zuerst das Karbon, dann Devon und Silur der Zerstörung anheimfallen. Bei erneuter Ablagerung der Abtragungsprodukte in neuen Senkungs- und Meeresräumen, wird man demnach die umgekehrte Folge von Schiefern, roten Sandsteinen und Kalken feststellen können, wie sie uns z.B. die Folge Zechstein, Buntsandstein, Muschelkalk in Mitteleuropa zeigt.

Dieser Wechsel wird sich aber auch an anderen Stellen und für andere Formationen genugsam feststellen lassen. Denn das sich immer wiederholende Wechselspiel zwischen Hebung, Abtragung, Ablagerung und Senkung, drängt uns notwendigerweise auch die selten beantwortete Frage auf, wo denn die abgetragenen Gesteine bleiben. Da diese Vorgänge sich überall, rein örtlich differenziert, abspielen, ist es auch zu verstehen, daß nur wenige Ablagerungen der Erdgeschichte gleichmäßig über weitere Strecken verbreitet sind. Mit Ausnahme einiger Sedimente, die auf den großen weltweiten Transgressionen (z. B. Oberkreide) beruhen. Überhaupt ist keine einzige Gesteinslage, außer den metamorphen Gesteinen der kristallinen Schiefer in größerer Tiefe (Archaicum), überall gleichmäßig verbreitet anzutreffen.

Es braucht bei den Abtragungsformen aber nicht immer zu Ablagerungen neuer Schichten, und daraus sich neu bildenden Gesteinen, zu kommen. Bei der Zerstörung innerhalb des Festlandes und in den Gebirgen reicht die Transportkraft des Wassers nicht aus, um alles gelöste Material bis ins Meer, oder vom Gebirge in die randlichen Stauseen abzuführen, die als Auffangreservoir (Abb. 44) für die feinkörnigen und leichteren Zerstörungsprodukte dienen. Die schwereren Blöcke und Gerölle bleiben am Wege liegen und umsäumen als Schotter den Weg der fließenden Gewässer.

Die Arbeit des Wassers. Bevor wir diesen nicht verfestigten Geröllablagerungen uns zuwenden, ist es angebracht, einige Worte über die Transportmittel und die verschiedene Wirkung von Wasser, Eis und Wind auf den Boden einzufügen. Zerstört werden die Gesteine durch mechanische und chemische Wirkung des Wassers und die wechselnden klimatischen Einflüsse (Verwitterung), unter denen der sprengende Spaltenfrost eine besondere Rolle spielt. Das gelockerte Material löst sich aus seiner Umgebung und wird dann entweder vom Regenwasser herausgespült oder rollt, der Schwere folgend, hangabwärts, um sich, am Fuß der Berge, zu Schutthalden (Abb. 35) und Blockmeeren anzuhäufen. Dort, wo Wasser, wenn auch oft nur periodisch fließend, oder an

Abb. 45. Die Montblanc-Gruppe (Aig. des Charmoz, Dent du Géant und Grandes Jorasses) mit dem Mer de Glace. Fliegeraufnahme Photo Swissair aus 5000 m Höhe.

anderen Stellen zeitweilig in der ungebändigten Form der Wildbäche vorhanden ist, werden die einzelnen Gesteinsreste weiter abwärts transportiert und dabei zerkleinert. Andere

Lockermaterialien, die auf das Gletschereis hinabstürzen, werden auch von diesem weitergetragen und am Rand des Eises oder am Gletscherende als Geröllanhäufungen (Moränen) abgelagert (Abb. 45). Unter dem Gletscher entfalten die Schmelzwässer ihre Wirksamkeit und reißen Geröllmaterial mit sich fort, das bei starkem Druck und Gefälle bedeutende Erosionsarbeit leistet.

Lößbildung. Je nach der Stärke des transportierenden Gewässers, werden feinere oder gröbere Materialien in dieser Weise ins Tal und aus dem Gebirge herausgetragen und bleiben, beim langsamen Erlahmen der Kräfte, am Ufer liegen. Die am feinsten zerriebenen Materialien der Gletschertrübe werden am weitesten mitgeführt und tragen zur Färbung der alpinen Flüsse und Seen bei. Andererseits bleibt der feinste Gletscherschlamm auch schon am Ende der Gletscher angehäuft liegen und kann nachher bei seinem feinen, staubförmigen Korn auch vom *Winde* ausgeblasen und weitergetragen werden. Diese Reste sehen wir dann in den zusammengewehten Lößmassen, die, in ihrer ursprünglichen Gestalt, dem Rand des diluvialen Inlandeises oder vergletscherten Hochgebirges entstammen und dann über weite Gebiete vor dem Eisrand verweht wurden. Für die Abtragung der Gebirge und die Geröllführung der Flüsse, bis ins Tiefland hinaus, sind alle diese Zerstörungsformen und Abtragungsprodukte von größter Bedeutung.

Terrassenablagerungen. Wird nun ein solches Flußsystem in seinem Oberlauf erneut gehoben, oder, was das gleiche ist, wird seine Erosionsbasis tiefer gelegt und dadurch das Gefälle verstärkt, so werden die Schottermassen der früheren Ablaufperiode, als erhöht liegende Schuttmassen, den Lauf des sich tiefer einnagenden Flusses begleiten. In gleichem Maße wird der Fluß, wenn er sich erneut vertieft, gleichzeitig in den meisten Fällen auch sein Bett verschmälern müssen. Seinen älteren, breiteren Lauf wird man dann an erhöht liegenden Erosionsleisten oder flankierenden Talschultern erkennen können (Abb. 46). Diese Erscheinungen pflegt man als Terrassen zu bezeichnen. Die ersteren als Aufschüttungsterrassen, die letzteren als Erosionsterrassen.

Die Arbeit des Eises. Ein gleiches gilt von der Arbeit des Eises und seiner Schmelzwässer (Abb. 47), auf deren Wirkung und Transportkraft wir den größten Teil der mächtigen Schotterablagerungen zurückzuführen haben, und die Gerölle, die in den Flußterrassen inner- und außerhalb der Alpen aufgehäuft liegen. Innerhalb des Ablagerungsgebietes der einstigen diluvialen Eismassen, besonders gebirgiger Gebiete, unterscheiden wir sehr gut die nur hobelnde, glättende *Arbeit*

Abb. 46. Das Bardocañon am Torneträsk in Schwedisch-Lappland. Im Hintergrund Formen eines glazialen Trogtales, in das die Wasserorion ein tiefes Kerbtal eingeschnitten hat.

des Eises von der jüngeren Wassererosion, die eine mehr linienhafte, einschneidende Sägewirkung hervorbrachte (Abb. 46). In den vom Eise gestalteten Alpenteilen können wir aber auch noch ein älteres, vordiluviales Relief erkennen, das nur verständlich erscheint, wenn wir, was sehr wahrscheinlich ist, eine Hebung einzelner Alpenschollen während der Diluvialzeit annehmen. Dadurch erhielten aber auch die Schmelzwässer der zurückgehenden Gletscher ein größeres Gefälle und damit größere Wucht, Erosions- und Transportkraft, die sie einst dazu befähigte, den glazialen Schutt aus dem Gebirge herauszutragen und dort, außerhalb des Berglandes, wo ihr Gefälle sich verringerte, abzulagern. Auch das ist für die Frage der Terrassenverteilung von einiger Wichtigkeit.

Hebung und Terrassenbildung. Für alle Terrassen, ob sie durch Erosion oder Schuttablagerungen entstanden, ob man sie in Fluß- oder Küstengebieten antrifft, gilt in gleicher Weise, daß die älteren jeweils höher liegen als die jüngeren (Abb. 48). Die jüngsten, dem heutigen Flußlauf und der Talaue, bzw. an den Küsten dem Meeresniveau am nächsten

Abb. 47. Vom Eis geglättete Felsen und Strudellöcher (Gletschertöpfe) der subglazialen Schmelzwässer. Norwegische Küste.

benachbart. Jede Tieferlegung der Terrassen, oder besser gesagt, jede Anlage einer neuen, tieferen Terrasse hängt mit einer Verlagerung der Erosionsbasis, diese aber wieder mit Niveauveränderungen zusammen. Damit aber werden die *Terrassen* zu *Chronometern der Hebung*.

Dazu kommt, daß uns die Terrassen gleichzeitig klimatische Wegweiser sind. Während einer Vereisungszeit und beim Vordringen der Gletscher, werden wenig Schmelzwässer zum Ablauf kommen, und es wird Aufschotterung stattfinden, d. h. Ablagerung des Geröllmaterials durch die verminderte Transportkraft des Flusses. Also werden die meisten Schotterterrassen, soweit sie nur auf Ablagerung und nicht auf nachträglicher Erosion beruhen, wohl klimatisch zu erklären sein.

Nimmt aber die Temperatur zu, beginnt das Eis zu schmelzen, so werden große Wassermengen zum Abfluß kommen und sich wieder in die abgelagerten Schottermassen einschneiden. Aber selbst während dieser *wärmeren Zwischeneiszeiten,* die für die ganze Glazialgeschichte von so großer Bedeutung sind, findet auch stellenweise Aufschotterung statt; und dies würde für Bodenbewegungen sprechen. Ebenso muß man solche für einen großen Teil der Erosionsterrassen annehmen. Darauf deutet schon die große Verschiedenheit der Terrassenanordnung in den einzelnen Stromgebieten. Diese müßte eine größere Einheitlichkeit verraten, wenn es sich nur um Abschmelzungs-, d. h. klimatische Phänomene handelte.

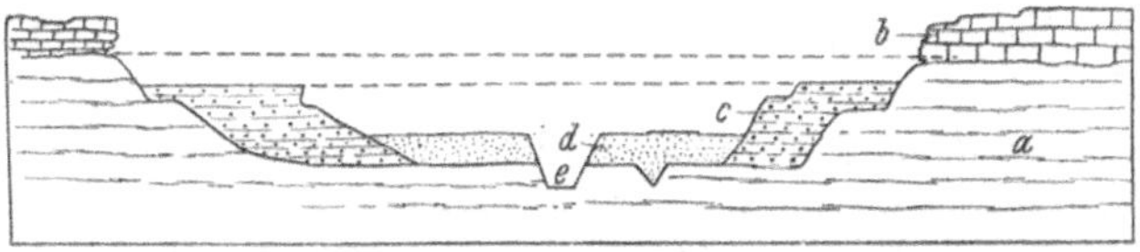

Abb. 48. Schema eines Tales mit drei eiszeitlichen Aufschüttungsterrassen. Schweizer Hochebene. Nach Schardt. *a* miozäne Molesse; *b* Deckenschotter; *c* Hochterrasse; *d* Niederterrasse; *e* heutiges Flußtal.

Küstenterrassen und Flußterrassen. Da wir die Küstenterrassen als Zeugen der Heraushebung des festen Landes ansahen und in Skandinavien, entsprechend der allmählichen schildförmigen Heraushebung der ganzen Gebirgsmasse, diese Küstenterrassen sich auch in die Fjorde und Flußtäler fortsetzen, scheint dort ein Zusammenhang zwischen Küstenterrassen und Fluß- oder Talterrassen erwiesen. Für andere Gebiete ist dieser Nachweis schwieriger, da die gebirgigen Gebiete, die einst vom Eise bedeckt waren, nicht direkt ans Meer stoßen, sondern sich breite Tieflandsschollen dazwischenlegen. An den flach liegenden Küsten Mitteleuropas sind auch Terrassen überhaupt schwer nachzuweisen, und daher auch nicht leicht mit den Flußterrassen zu vergleichen. Vollkommen unmöglich ist dies natürlich an denjenigen Küstenstrecken, die wieder in Senkung begriffen sind.

Um die Bedeutung der Terrassen für eine allmähliche Heraushebung des Landes eingehender würdigen zu können, müssen wir diese noch einmal näher betrachten. Als Hinweise für vertikale Veränderung können uns die Küstenterrassen insofern dienen, als sie uns Stillstandsphasen in der Brandung und Geröllanhäufung zeigen, die in verschiedenen Höhenlagen auftreten.

Auch die Mittelmeerküsten zeigen, neben denen der nordischen Länder, eine ganze Reihe solcher Terrassen übereinander. Die pliozänen Terrassen Kalabriens liegen, bis zu 1000 und 1300 m hoch, in verschiedenen Niveaus. Man hat diese außergewöhnlich starke Hebung durch Mitwirkung vulkanischer Kräfte zu erklären versucht. In anderen Gebieten des Mittelmeeres treffen wir gleichfalls solche dort an, wo gleichartige Heraushebung stattgefunden hat. An den Inseln des Ägäischen Meeres, wie Kos, Rhodos (Abb. 27) und Kreta, hat schon Melchior Neumayr die allmähliche Gestaltung der Inselformen und die allmähliche Hebung seit dem Pliozän und im Quartär nachgewiesen. Die Ablagerungen der levantinischen Süßwasserseen (Pliozän) liegen heute, hoch herausgehoben, viele hundert Meter über dem Meeresspiegel; aber auch die Reste des marinen Quartärs lassen noch Terrassen in Höhenlagen von 200 bis 300 m erkennen.

Dieser **Rhythmus der Heraushebung** — an anderen Stellen der Senkung — läßt sich an vielen, vielleicht überhaupt an allen Küsten verfolgen, nur sind wir noch nicht über das Stadium ihrer Registrierung hinaus, und die Veränderungen haben wir nur dort festgestellt, wo sie ganz augenfällig sich im Lauf der Jahrhunderte darbieten. Schließlich ist wichtig, daß wir auch an den Küstenterrassen Erosions- und Aufschüttungsterrassen feststellen können.

Verlegung der Erosionsbasis. Ein gleiches gilt, wie wir schon feststellten, für das feste Land. Nur sind die Kräfte, die bei der Auswaschung und Aufschüttung von Flußterrassen mitwirkten, verschieden von denen an der Küste. Der Gedanke liegt deshalb nahe, daß man auch hier an Niveauveränderungen und Kippungen ganzer Gebiete und einzelner Schollen denkt. Wir sprechen bei der nagenden Arbeit des fließenden

Wassers von einer Verlegung der Erosionsbasis und denken auch an eine *Veränderung des Gefälles,* bedingt durch Hebung des Quellgebietes oder Senkung des Mündungsgebietes. Ebenso wie die Brandung, an den steigenden Küsten, Terrassen und Stufen herausnagt, und, nur wo eine längere *Stillstandslage* vorhanden war, zur Bildung von Küstenplattformen (Norwegen, Abb. 19) oder sogar zur Abrasion geführt hat, in gleicher Weise zeigen sich solche Erscheinungen in den Flußgebieten. Besonders an Flüssen, die hochgelegenen Gebieten, vor allem solchen früherer Vereisung, entstammen, treten sie in Formen auf, die sicher nicht allein durch klimatische Faktoren erklärt werden können.

Aufschüttungs- und Erosionsterrassen. Aufschüttungsterrassen entstehen vor allem in Zeiten des Stillstandes oder der Hebung des Landes und Verlangsamung des Flußlaufes. Erosionsterrassen dagegen bei Senkung des Landes und Verstärkung des Flußgefälles. Also wird man auch bei vorsichtiger Abwägung des Materials sagen können, daß sicher ein Teil der Terrassen auf Ursachen der Geländeveränderung zurückzuführen ist, und daß auch die hochliegenden Terrassen an den Talhängen unserer Flüsse uns z. T. *Marken der allmählichen Heraushebung* zeigen werden. Ganz sicher hat das Geltung für diejenigen Flußgebiete, in denen schon vorquartäre (also pliozäne) Terrassen, als höchste, an den Talhängen vorhanden sind. Viele Untersuchungen weisen deutlich darauf hin, daß der bisherige Weg der rein eiszeitlichen und prähistorischen Deutung noch nicht der einzig richtige sein kann. Für das Rheintal, nördlich von Bingen, wissen wir genau, daß pliozäne Flüsse noch über die eingeebnete Hochfläche flossen, als diese wesentlich tiefer und näher dem Meeresspiegel lag, und daß der Durchbruch des Rheintales erst später erfolgte, indem die Hebung der rheinischen Masse im Süden eine stärkere war, als nördlich gegen die Ebene zu.

Klimatische Faktoren. Neuerdings sind wieder besonders die klimatischen Fragen dabei hervorgehoben worden, die man keinesfalls vernachlässigen darf, da sie auf die Zusammenhänge der Terrassen mit den Schwankungen der Eisabschmelzung hinweisen. Hatte man bisher meist nur drei

Hauptterrassen unterschieden, so konnte man im Ilmgebiet deren elf feststellen, die z. T. mit denen der Werra identisch sind. Wenn es aber bisher noch nicht gelungen ist, die Terrassengliederungen auch verschiedener anderer Stromgebiete damit in Einklang zu bringen — auch die prähistorische Klassifizierung der Terrassen stellt nur eine der möglichen Lösungen dar —, so spricht gerade diese Verschiedenheit sehr für die *tektonische Eigengesetzlichkeit der einzelnen großen Landschollengebiete* und für die verschiedene Art ihrer Senkung, Kippung oder Heraushebung.

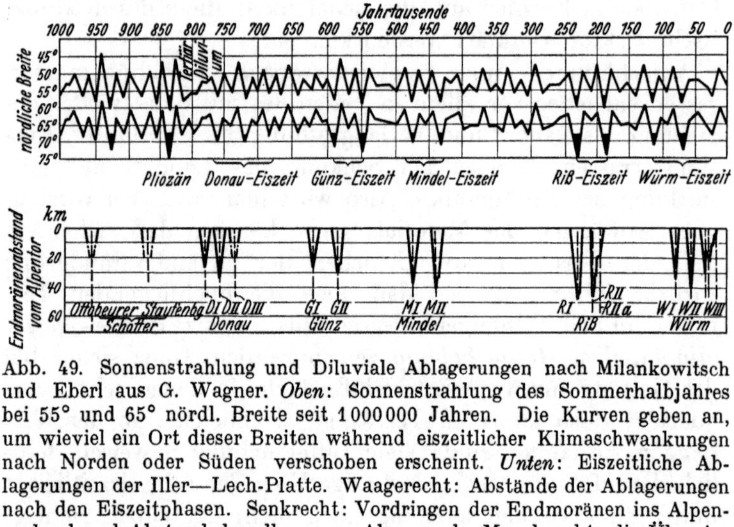

Abb. 49. Sonnenstrahlung und Diluviale Ablagerungen nach Milankowitsch und Eberl aus G. Wagner. *Oben*: Sonnenstrahlung des Sommerhalbjahres bei 55° und 65° nördl. Breite seit 1000000 Jahren. Die Kurven geben an, um wieviel ein Ort dieser Breiten während eiszeitlicher Klimaschwankungen nach Norden oder Süden verschoben erscheint. *Unten*: Eiszeitliche Ablagerungen der Iller—Lech-Platte. Waagerecht: Abstände der Ablagerungen nach den Eiszeitphasen. Senkrecht: Vordringen der Endmoränen ins Alpenvorland und Abstand derselben vom Alpenrand. Man beachte die Übereinstimmung der Eisvorstöße und der Klimaverschlechterung (Sonnenstrahlung).

Altersbestimmung der Terrassen. Auch das zeitliche Moment bei der Terrassenbildung ist, in genialer Auswertung der Sonnenstrahlungskurven, zum Ausdruck gebracht worden. Bisher hatte man nur die Messungen, am Rande des schwedischen Innlandeises, die uns zeigten, daß man den Rückzug des Eises von Schonen (Gothiglazial) vor 12000 Jahren, den von Stockholm (Finniglazial) vor 5000 Jahren annehmen kann, was einen mächtigen Zeitfaktor für die ganze jugendliche Geschichte der Ostsee (Yoldia-, Ancylus- und Litorinazeit) ergab. Als Zeitmaß für die Terrassen des Ilmtals und des Iller- und Lechgebietes, die sich durchaus den Schwankungen der Strahlungskurve eingliedern (Abb. 49), fügte man nun eine Gliederung hinzu, die dadurch eine Übersicht der Glazialgeschichte, auch der letzten halben Million Jahre, ermöglicht. Nach dieser Rechnung hat der Eiszeitmensch von Heidelberg (Homo Heidelbergensis — älteres Interglazial) vor etwa 550 000 Jahren, der Weimarer Homo primigenius (jüngeres Interglazial), dessen Reste in den Kalktuffen von

Abb. 50. Südostküste von Nowaja Semlja. Zeppelin-Arktisflug 1931. Aufn. Dipl.-Ing. Basse. Hebungsterrassen an der Küste bei Matoschkin Scharr. die jeweils mit zwei aufeinanderfolgenden Stadien auftreten. Vgl. zur Erklärung die Klimaverschlechterung auf der Strahlungskurve von Milankowitsch (49 oben) und die Eisvorstöße am Alpenrand (49 unten), die gleichfalls fast immer verdoppelt auftreten und zwei Spitzen erkennen lassen.

Ehringsdorf bei Weimar gefunden wurden, aber vor 145 000 Jahren gelebt.

Diese Zahlenwerte zeigen, daß z. B. alle elf Ilmterrassen sich der Strahlungskurve anpassen (Abb. 49) und wie demnach die allmähliche Heraushebung der Saale-Ilmplatte und die Senkung der Erosionsbasis sich über einen Zeitraum von mehr als 500 000 Jahren verteilt. Die Zeiträume, in denen sich diese Veränderungen vollzogen, werden noch größer, wenn man dazu noch die verschiedenen voreiszeitlichen Terrassen (Pliozän) heranzieht.

Daß auch Küstenterrassen durch solche klimatischen Faktoren bedingt sein können, zeigt Abb. 50 von der Südspitze von Nowaja Semlja, die auf der Zeppelin-Arktisfahrt 1931 aufgenommen wurde. Jede Stillstandsphase der Brandungserosion läßt nicht nur eine, sondern zwei dicht aufeinanderfolgende Terrassen erkennen. Auch die Strahlungskurve (Abb. 49), die uns den Wechsel im Abschmelzen des Innlandeises wiedergibt, läßt bei ihren Maxima die den Zwischeneiszeiten entsprechen, jeweils zwei Spitzen, also Schwankungen, erkennen. Vielleicht handelt es sich daher hier um einen, in den Fels genagten, Kalender der glazialen Abschmelzungszeiten des Nordens.

Weite Perspektiven eröffnen sich aus solchen Messungen und Berechnungen, besonders wenn es gelingt, sie an anderen Flußgebieten zu vergleichen und bis an den Rand der jungen Hebungsgebiete der Gebirge zu verfolgen. Hebungserscheinungen, in Beziehung zu den Ablagerungen von Terrassenschottern, sind ja nicht immer nur lokal zu deuten, denn dafür fehlen meist die Hinweise. Es genügt zur Erklärung durchaus, wenn man annimmt, daß im Oberlauf des Flusses eine Hebung oder im Unterlauf eine Senkung stattfand. Dadurch konnte dann eine Veränderung in den Erosions-, vor allem aber auch in den Ablagerungsverhältnissen der Schotter im Mittellauf eintreten.

Schon jetzt steht fest, daß solche Terrassenbildungen in Zusammenhang stehen mit der Heraushebung des Festlandes an der Küste und damit der Festlandsgestaltung überhaupt. Denn eine noch so geringfügige Hebung im Unterlauf und Mündungsgebiet verlangsamt den Ablauf und befördert die Aufschotterung. Wie wir sahen, sind Küstenterrassen und Flußterrassen noch nicht vollkommen in Einklang zu bringen (mit Ausnahme etwa der Beobachtungen in Norwegen), da vielleicht andere Zeitintervalle maßgebend sind und die Festlandshebung der Küsten und die Heraushebung der Gebirge nach anderem Rhythmus verläuft. Wichtig ist es aber bei beiden, die vorwiegend tektonische Natur zu erkennen, als Zeitmaß für die Heraushebung des Küstenlandes einerseits und andererseits auch der Gebirgsschollen. Anscheinend geht diese aber bei den Gebirgen noch schneller vor sich, wie die isostatische Verschiedenheit des Schwerebildes zeigt. Darin liegt vielleicht aber auch ein Unterschied zwischen den Äußerungen gleicher Ursachen in beiden Gebieten begründet.

2. Die Veränderungen im Antlitz der Erde.

Nicht nur der Rhythmus der Erdgeschichte, der vor allem im Wechsel der Meeressedimente begründet liegt, sondern auch der Wechsel in der Aufschüttung und Abtragung auf dem festen Lande, den wir eben kennenlernten, wird von der Wiederkehr regelmäßiger Veränderungen des Bodens beherrscht. Alle Bewegungen der geologischen Vergangenheit, die uns die Ergebnisse der Geographie der Vorzeit vor Augen führten, werden von ein und demselben Grundgesetz beherrscht, das wir von den Erscheinungen des heutigen Tages ableiten können. Meeresfluten (Transgressionen) und Rückfluten (Regressionen) sind so durch Hebung und Senkung des Landes bedingt und werden zu wichtigen Wegemarken der historischen Entwicklung. Das Problem des Schicht- und Formationswechsels findet dadurch seine Erklärung, und der gewaltige Schichtenstoß, der uns die Geschichte der Vergangenheit erzählt, erhält so Gliederung in Formationen und Erdzeitalter; besonders wenn wir dabei die mannigfaltige Umwandlung der Gesteine einerseits und andererseits die biologische Entwicklung der Lebensformen berücksichtigen. Auch die verschiedenartige Ausbildung gleichaltriger Schichten (Fazies) kann, in einzelnen Beispielen, derart eine Erklärung finden, da sie, ebenso wie die Kreislaufvorgänge des Lebens, ihren tieferen Grund hat in den langsamen *Veränderungen, die das Antlitz der Erde* durchmachte.

Vertikale Veränderungen und Schichtwechsel. Sehen wir eine einzelne Epoche der Erdgeschichte daraufhin an, so wird man auch, innerhalb weiter oder enger gespannter Zeiträume, ein solches Auf und Ab der Entwicklung feststellen können. Die Kurve der Triaszeit (Abb. 51), nach den Beobachtungen im Thüringer Sammelbecken, stellt solche Schwankungen zwischen tiefem und flachem Wasser dar, durch die auch die Verbreitung der einzelnen Faunenelemente beeinflußt wurde. In weiterem Raume betrachtet, zeigt sich, daß auch noch andere Beziehungen bestehen, wie sie Abb. 17 zwischen den hauptsächlichen Bodenschwankungen (Gebirgsbewegungen) und dem klimatischen Wechsel im Lauf der gesamten Erdgeschichte aufweist. Je mehr wir uns der Jetztzeit nähern, um so eingehender werden solche Zusammenstellungen sich ermöglichen lassen. So hat man die eiszeitlichen und nacheiszeitlichen Klimaschwankungen jetzt sehr genau gliedern und feststellen gelernt. Mit Hilfe neuer Methoden wertet man die Pflanzenpollen, die in Torfmooren und anderen Ablage-

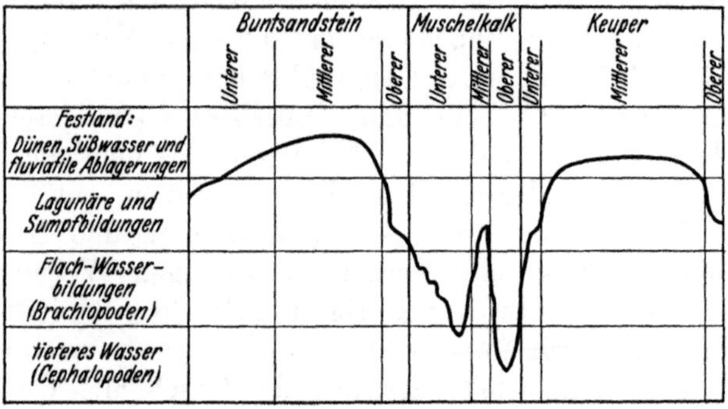

Abb. 51. Der Wechsel zwischen Festland und Meeresablagerungen während der Triaszeit im Thüringer Becken. Nach v. Seidlitz. Die vertikalen Abstände entsprechen der Tiefe der Meeresräume, die Horizontalen der Mächtigkeit der Ablagerungen.

rungen erhalten blieben, als Hinweis auf die Besiedlung mit einzelnen Waldgruppen aus (Pollenanalyse).

Zusammenfassend wird man sagen können, daß im Wechsel, dem unsere Erdoberfläche ausgesetzt war, sich Schwankungen, mit größeren und kleineren Zwischenräumen, feststellen lassen, denen allen aber ein gewisser Rhythmus und eine bestimmte Gesetzmäßigkeit innewohnt. Einer Sedimentationsphase muß immer die Bildung des Senkungs- und Sammelraumes vorangegangen sein. Diese wird wieder durch eine Hebungs- und Bruchphase ihren Abschluß finden. Dadurch aber wird erneuter Anlaß zur Abtragung geboten, die so lange fortschreiten kann, bis, durch völlige Einebnung des Gebietes, der Sedimentationskreislauf sich schließt.

Blockmassen und Schelfgebiete. Solche Feststellungen im einzelnen führen uns aber zu ganz allgemeinen Gesichtspunkten für die Gliederung des Erdbildes. Die Meeres- und Festlandsräume, wie sie uns die geographischen Karten der Vorzeit (Abb. 20) zeigen, lassen eine Gliederung in Zonen großer Beweglichkeit erkennen, die, wie wir sahen, durch die Bildung von Gebirgen und Vulkanen und schließlich auch durch seismische Beweglichkeit (Erdbeben) besonders charakterisiert sind. Das sind die mobilen oder labilen Zonen. Daneben finden wir andere Gebiete, die nicht nur frei von fast allen solchen Bewegungen sind, sondern auch von den meisten Veränderungen durch die wechselnden Meeresfluten unberührt blieben die starren Blockbildungen.

Die Kernschollen der Kontinente gehören dazu. In Eurasien der Russisch-Baltische Schild, in Nordamerika der Kanadische Schild und ebenso die alten, wenig veränderten Zentralgebiete der übrigen Kontinente (Afrikanische Tafel, Angaraland). Dazu kommen die großen Meeresräume der Vergangenheit, über die wir nur wenige Daten besitzen und schließlich die viel wichtigeren Randmeere und Sammelmulden der uns schon bekannten Geosynklinalen. Diese fallen im großen und ganzen mit den labilen Zonen zusammen, die, solange ihr Grund noch nicht zu Gebirgen zusammengepreßt war, wohl mit den heutigen Schelfmeeren verglichen werden können. Alles, was wir von Wechsel und Kreislaufvorgängen feststellen können, bezieht sich auf ihre Umgebung, während die alten, starren Blockgebiete nur schwächere Bewegungen, viel weitgespannterer Art, aufweisen.

Die Folge der Formationen. Durch diese wechselnde und verschiedene Beweglichkeit von Block und Schelf ist auch alle horizontal ausgedehnte und oberflächliche Veränderung im Bild der Kontinente gegeben, das, was wir unter dem Begriff der Paläogeographie zusammenfaßten. Im gleichen Maße wird aber, auch in der Vertikalen, der Wechsel der Schichten dadurch bestimmt, so daß wir jetzt, nachdem wir alle Vorbedingungen kennengelernt haben, zum Abschluß auch einen Blick auf die Schichtenfolge und die *Formationstabelle* werfen können, die, in ihrer vielfachen Teilung, alle solchen Veränderungen schematisch und graphisch wiedergeben will (S. 144).

Wir betrachten sie jetzt aber mit tieferem Verständnis, da wir wissen, daß die ganze Erdgeschichte von lebendigem Rhythmus getragen wird und daß das, was wir Wechsel der Formationen nennen, nichts anderes ist, als ein Wechsel von Bodenschwankungen und durch diese veranlaßte Meeresbewegungen (Transgressionen und Regressionen). Die alte Einteilung der historischen Geologie in eine Folge von Formationsnamen und eine systematische Aufzählung ausgestorbener Tier- und Pflanzengruppen muß einer anderen Betrachtungsweise weichen, in dem man an ihre Stelle die paläogeographische und paläobiologische Gliederung, sowohl in der vertikalen wie in der horizontalen Ausdehnung, setzt und die Beweglichkeit des schwankenden Bodens in seinen ständigen Hebungen und Senkungen in Rechnung stellt. Damit erlangt aber die langsame Entwicklung der Epeirogenese auch größere Bedeutung als die bisher teilweise überschätzten orogenetischen Bewegungen. Denn der örtliche Wechsel gleichaltriger Schichten (Fazieswechsel) ist vielfach auch nichts anderes als der Ausdruck verschiedener Schollenbewegung und Raumverteilung. Der Revolutionscharakter der Formationsgrenzen, in dem wir seit Cuviers Katastrophentheorie noch befangen sind, wird dadurch seines Wertes entkleidet, und der gleichmäßige Fluß der Veränderungen, soweit es die Oberfläche der Erde anlangt, tritt an seine Stelle.

Sehen wir uns die Schichtenfolge daraufhin näher an, so können wir feststellen, daß zwar die Grenzen der Zeitalter — vom Altertum zum Mittelalter und von diesem zur Neuzeit — einige Bedeutung haben, weil sich in ihnen eine Steigerung der Ereignisse und damit auch eine stärkere Veränderung in den Grenzverhältnissen zwischen Wasser und Land kundgibt. Die Grenzen zwischen den einzelnen Formationen sind aber nur selten scharf, und vielfach sind Übergangsschichten zwischen den Abteilungen vorhanden.

Die Formationsgrenzen und die Lebensgemeinschaften. Daß wesentliche geographische Veränderungen, an den beiden Grenzen zwischen den Zeitaltern, eintraten, das zeigt auch der

Wechsel der Lebensgemeinschaften, die in den drei großen Abschnitten stark voneinander abweichen. Es ist durchaus nicht notwendig anzunehmen, daß alle Formen, die an diesen Grenzen verschwinden, nun auch aussterben. Einige von ihnen werden nur ihre äußere Form verändert haben, durch die wechselnde Umwelt bedingt. Auffallend bleibt es immerhin, daß zwischen Mesozoikum und Känozoikum nicht nur die großen Saurier verschwinden, sondern auch Ammoniten, Belemniten, Rudisten, Inoceramen usw. Dafür erscheinen etwa an der gleichen Grenzscheide die Laubbäume, und die, schon vorhandenen, Säugetiere beginnen von da ab sich zu der vorherrschenden Gruppe der Wirbeltiere zu entwickeln. Ein gleiches gilt von der Grenze zwischen Altertum und Mittelalter, wo wir das Verschwinden verschiedener Formen, wie der Trilobitenkrebse, der Tetrakorallen und der Goniatiten, feststellten, von denen die letzteren durch die Ammoniten abgelöst wurden. Neu erscheinen ferner Amphibien und Reptilien in großer Zahl, deren Vorläufern noch keine große Bedeutung zukam. Dieser Wechsel, der nicht für alle Gruppen gleichzeitig und ebensowenig an einer scharfen Trennungslinie stattfand, weist an den Grenzen aller drei Epochen darauf hin, daß Veränderungen zwischen den marinen und festländischen Lebensbezirken den Ausschlag gaben. Mancher Wechsel würde weniger scharf erscheinen, wenn uns die offenen Meeresgebiete bekannt und erhalten wären, in welche die verdrängten Faunen vermutlich auswanderten. So bleiben es nur Vermutungen, wenn man z. B. annimmt, daß Nachkommen der Ammoniten in schalenlosen Kopffüßlern der Jetztzeit zu suchen seien.

Bedeutung der Leitfossilien. Hier ist es auch angebracht, noch einmal die *Bedeutung der Leitfossilien* zu streifen, die für bestimmte Formationen und Formationsabteilungen besonders charakteristisch sind. Die Anerkennung ihres Wechsels in der Horizontalen und in der Vertikalen durch die Zeitabschnitte hindurch, als Wegmarken einer zeitlichen und räumlichen Entwicklung der Meeresgebiete und ihrer Schichtablagerungen, beruhte letzten Endes in der Hauptsache auf dem starren System einer paläontologischen Systematik, die ursprünglich von der Schichtenfolge Europas ausging. Heute wissen wir, daß diese Grundlage für die weltweite Entwicklung nicht mehr in vollem Maße berechtigt ist, da die Schelf- und Küstenablagerungen Europas vielfach nebensächliche und weniger bedeutende Lokalausbildungen darstellen im Vergleich zu den Ablagerungen am Rand der ozeanischen Räume.

Damit wird aber auch ein Einwand verständlich, den wir schon im ersten Teil dieses Buches gegen die allgemeine Bedeutung der Leitfossilien erhoben: Durch ihr Auftreten an weit voneinanderliegenden Orten erscheint die Gleichaltrigkeit der Schichten nicht in jedem Fall erwiesen. Ihre Bedeutung als Zeitmarken wird dadurch in der Hauptsache auf eng begrenzte und einander benachbarte Räume beschränkt. Es ist auch wichtig, hier noch einmal auf die große *Lückenhaftigkeit* des uns überlieferten Materiales aufmerksam zu machen.

Dennoch bleibt — trotz dieser Einschränkungen — die Schichtenfolge der Formationen ein Wegweiser durch die Fülle der abgelagerten Materialien und ihrer Veränderungen. Wir blättern in diesem aufgestapelten Paket von geschichteten Oberflächenablagerungen wie in einem Buch, oder besser noch, wie in einer alten Urkunde, von der ganze Teile verlorengegangen sind, während von anderen Abschnitten nur Andeutungen, einzelne Zeilen oder Buchstaben vorhanden sind. Aus diesen Resten müssen wir den Werdegang der ganzen Entwicklung ableiten.

Je mehr wir uns der Gegenwart nähern, um so lückenloser wird die Folge, um so deutlicher sind die Übergänge erkennbar. Je weiter wir vom Paläozoikum in die Tiefe hinabsteigen, um so undeutlicher werden die gegenseitigen Beziehungen, bis der historische Gang plötzlich abschneidet, wo organische Reste nicht mehr in den Gesteinslagen zu erkennen sind und wo die Umwandlung der Gesteine zu den kristallinen Schiefern diese vollkommen vernichtet hat. Die obere Grenze wird aber dort anzunehmen sein, wo der Mensch in die geschichtliche Entwicklung eintritt. Ein unendlich weit gespannter und langer Zeitraum, in dem auch die Formen organischen Lebens in der Reihenfolge von den niedern zu den höhern Tieren und Pflanzen allmählich erscheinen.

Im einzelnen ist es nicht unsere Aufgabe, auf diese Wechselbeziehungen und die Entwicklung der Erde und ihrer Kontinente einzugehen. Dies mag einer Geschichte der Meere in der Vergangenheit oder einer Darstellung der historischen Geologie[1] vorbehalten bleiben. Wenn wir aber die Kurve (Abb. 17), auf der die Zusammenhänge zwischen den Gebirgsbewegungen und dem klimatischen Wechsel einerseits und andererseits die Formationsfolge vergleichen, in der das Erscheinen der großen Tier- und Pflanzengruppen zum Ausdruck gebracht wurde, so sehen wir eine gewisse Übereinstimmung in den Zeiten der stärksten Veränderung. Das schematische Bild der Formationstafel erhält durch sie eine gewisse Belebung, die noch größer werden wird, wenn es einmal möglich ist, wenigstens alle orogenetischen Schwankungen zur Darstellung zu bringen, deren wir heute schon mehr kennen, als Abb. 17 zum Ausdruck bringt.

Die Horizontale Verbreitung der Formationen Notwendig ist es schließlich, auch die Karten der geographischen Verbreitung jeder einzelnen Formation zum Vergleich heranzuziehen. Dies stößt jedoch für viele Gebiete noch auf Schwierigkeiten, da die Deutung der paläogeographischen Verhältnisse abhängig ist von der Menge des einwandfrei überlieferten Materials und von der Art, wie diese Funde auf Karten zusammengestellt werden. Je nachdem, ob es sich um Reste des Meeres oder des festen Landes handelt, wird die Grenzziehung verschieden ausfallen und von subjektiver Auslegung beeinflußt. Besonders die Ausdehnung der Festländer, von denen weniger Reste vorhanden sind, als von den Küsten und Meeresarmen, ist vielfach noch ungenau. Daher gibt es auch noch keinen einwandfreien, paläogeographischen Atlas, sondern nur Vorstufen dazu und Materialsammlungen aus einzelnen Gebieten, deren Zusammenfassung wir der Zukunft überlassen müssen.

Bei solchen paläogeographischen Abgrenzungen handelt

[1] Siehe auch Bd. 16, Drevermann: „Meere der Urzeit". (Verständliche Wissenschaft.)

es sich auch nicht nur um biologische Probleme und Faunenverteilung, sondern auch der petrographische Charakter und der Wechsel der Schichtausbildung bedarf einer Berücksichtigung. So hat man schon auf eng begrenztem Raum, neben dem Wechsel von Transgressionen (Überflutungen) und Regressionen (Rückzug des Meeres), auch die flachen und tieferen Gebiete in der Form von Landschwellen und beckenförmigen Senken gegliedert, durch deren Wechsel auch die Verschiedenheit der Gesteinsbildungen und ihre Verbreitung eine Erklärung findet. Selbst bei diesem Gesteinswechsel scheint — wiederum in eng begrenzten Bezirken — eine Art von Kreislauf oder Rhythmus erkennbar, wie schon für die Herkunft der Triasgesteine Süddeutschlands nachgewiesen wurde.

Gerade dieses Beispiel zeigte uns, daß es auch notwendig werden kann, dem Ursprungsgebiet einzelner Ablagerungen nachzugehen, und daß manche Gesteine eine mehrmalige Umlagerung und Wiederverwendung gefunden haben. Der größte Teil der klastischen Gesteine (Trümmergesteine, wie Gerölle, Konglomerate, Sandsteine) muß ebenso wie die Küstenablagerungen vom festen Land oder einem höher gelegenen Gebiet ins Meer getragen worden sein. Demnach durch Verwitterung und Zerstörung schon vorhandener Gesteine aus vorhergegangenen Erdperioden, die vorher bereits eine Verfestigung und Hebung erfahren hatten. Daher ist es erklärlich, daß dies nicht immer ganz neuartige Bildungen zu sein brauchen, sondern solche sein können, deren ursprüngliche Lage und Gestalt festgestellt werden kann. Am deutlichsten zeigt dies das Beispiel des alten roten Sandsteinlandes in Nordeuropa (Old Red Ablagerungen des Devon), durch dessen spätere Abtragung und Zerstörung sicher ein Teil des Materials entstand, das wir dann in den Buntsandsteinwüsten der Triaszeit wiederfinden.

Also auch in diesem Fall könnte man von einem *Kreislauf* sprechen, und zwar in der Ablagerung der Gesteine. Aus vielen anderen Gegenden würden sich dafür gleichartige Beispiele bringen lassen. Voraussetzung bleibt jedoch auch dafür, daß ein Wechsel zwischen Hoch- und Tiefgebieten stattfindet, der nicht durchaus an eigentliche gebirgsbildende Vorgänge (Orogenese) geknüpft zu sein braucht. Es dürfte sich dabei um die gleichen Schwankungen im Rhythmus des Weltgeschehens handeln, die uns das Wandern der Meere, den Wechsel der Lebensgemeinschaften und die Veränderungen des morphologischen Erdbildes anzeigen.

3. Der Grundsatz des Aktualismus.

Fassen wir unsere Beobachtungen zusammen, so können wir feststellen, daß sich alle Veränderungen, die die *Gestaltungsgeschichte der Erde* bedingen, durch den Vergleich mit heutigen Vorgängen erklären lassen, d. h. solchen, die heute noch, wenn auch mit geringster Wirkung, von uns beobachtet werden können. Soweit es sich um Erscheinungen handelt, die mit der Arbeit des Wassers in den Flußtälern oder an den Küsten zusammenhängt, wird dies keiner weiteren Erklärung bedürfen. Auch die Wirkung des Windes, in den vegetationslosen Gebieten, und die Arbeit und Bewegung des Eises wird man heute genau genug beobachten können, besonders seitdem man nicht nur die unbedeutenden Gletschergebiete Europas zum Vergleich heranzieht, sondern die schon gut bekannten Gebiete, besonders der Arktis oder der zentralasiatischen Hochgebirge. Der Fedeschenkogletscher im Alaigebirge (Pamir), der von der deutsch-russischen Alaiexpedition 1928 eine umfassende Bearbeitung erfuhr, zeigt uns z. B., daß wir den europäischen Typus des Talgletschers keineswegs als einen Normaltypus ansehen dürfen. Die Messung der Eismächtigkeiten durch die Wegenersche Grönlandexpedition 1930 bis 1931 gab ungeahnte Aufschlüsse über die Bedeutung des Inlandeises für die Landgestaltung; der Arktisflug des Zeppelin (Juli 1931) konnte glaziale Phänomene, freilich einstweilen nur im Bilde (Abb. 52), festhalten, die z. B. für die Geschichte des Bodens und seine Veränderungen in einst vom Inlandeis bedeckten Gebieten bedeutsame Aufschlüsse geben. Die glazialen Strukturböden, die dieses Luftbild uns zeigt, stellen eine Art der Bodenbeeinfussung und -versetzung durch den Frost dar, die sicher auch für die Gestaltung unserer mitteldeutschen Böden und der tundraartigen Gebiete zwischen dem abschmelzenden Inlandeis und den vergletscherten Alpen einst von Bedeutung war.

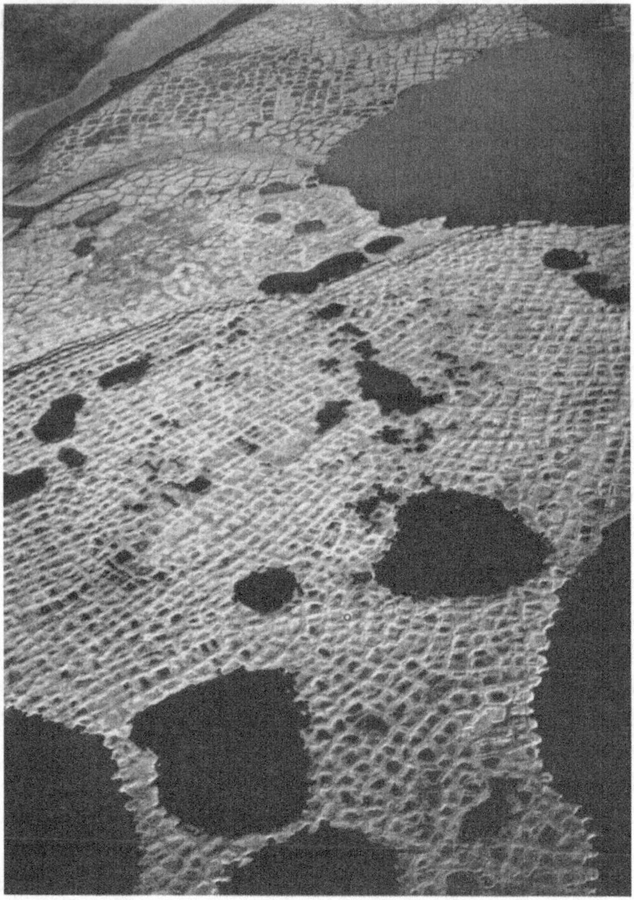

Abb. 52. Polygonaler Strukturboden durch Bodenfrost entstanden. Südwestlicher Teil des Taymir-Sees. Zeppelin-Arktisflug 1931. Aufn. Dipl.-Ing. Basse.

Wir dürfen ebenso annehmen, daß auch die Veränderungen in vulkanischen Gebieten (z. B. die des Krakatau in der Sundastraße 1930 und 1931) des heutigen Tages uns Aufschlüsse über die frühere Wirksamkeit der Vulkane geben (vgl. den Aschenregen der Andenvulkane Frühjahr 1932). Was schließlich die Erhebung der Gebirge anlangt, so haben wir ja, besonders im zweiten Abschnitt, festgestellt, daß die Summierung kleinster Bewegungen, die wir heute beobachten, zu einem Verständnis auch der größeren Veränderungen und Heraushebungen in vergangener Zeit beitragen. Es kann demnach keinem Zweifel unterliegen, daß die Gebirge heutiger Gestalt der *Hebung* und nicht etwa der Faltung ihre jetzige Form verdanken. Dabei haben verschiedene Faktoren mitgewirkt, unter denen stellenweise auch der Vulkanismus (magmatische Strömungen in großer Tiefe) eine Rolle gespielt haben dürfte, ohne daß man dabei an die alte Hebungstheorie der Gebirge durch vulkanische Kräfte, wie sie Leopold v. Buch vor hundert Jahren lehrte, zu denken braucht. Was man im Himalaja vermutet, wurde vorher schon für viele andere Gebirge angedeutet. Die Berge wuchsen aus der Tiefe heraus — im Ausgleich der Massen und nach Maßgabe ihrer Entlastung von Zerstörungsprodukten — und wachsen noch. Den Abtragungsschutt finden wir aber als neue Sedimente in ihren Randgebieten angehäuft.

Damit wird aber auch die Gebirgsgestaltung zu einem *aktuellen Problem*, so wie wir Hebungen und Senkungen als Einzelerscheinungen betrachten. In gleichem Maße wird schließlich dasjenige, was wir als den Wechsel der Formationen und die Aufeinanderfolge erdgeschichtlicher Ablagerungen bezeichnen, dadurch beeinflußt; da für diese Veränderungen größtenteils dieselben Ursachen gegeben sind.

Als Erklärung für alle diese Erscheinungen und natürlichen Veränderungen an der Erdoberfläche wird, seit mehr als einem Jahrhundert, seit Karl Adolf v. Hoff, der *Grundsatz des Aktualismus* herangezogen. Heute beginnt man sich, in Erinnerung an seinen deutschen Verkünder und dessen englischen Propheten (Charles Lyell, in seinem grundlegenden Werk Principles of Geology), wieder in steigendem Maße mit diesem Grundsatz zu beschäftigen. Er besagt, daß auch die geologischen Veränderungen in der Vergangenheit sich in dem gleichen Rahmen und vermutlich in der gleichen

Größenordnung abgespielt haben, wie wir sie auch heute noch in der Wirksamkeit der Flüsse, Meere, Vulkane, Erdbeben und sogar der Festlandsbewegungen beobachten können. Wir brauchen demnach zum Verständnis der geologischen Vergangenheit keine Kräfte und Kraftäußerungen heranzuziehen, die man nicht auch in der Gegenwart beobachten kann. In der Summierung unscheinbarer Veränderungen durch lange Zeiträume liegt die Erklärung, wie es schon das alte Sprichwort sagt: „Gutta cavat lapidem = steter Tropfen höhlt den Stein.“

Diese Auffassung bedarf aber gewisser Einschränkungen, die uns nicht bewußt wurden, solange wir nur von dem gut bekannten, freilich aber meist vegetationsbedeckten Europa ausgingen. Neuerdings hat man darauf aufmerksam gemacht, daß man diesen Grundsatz etwas einschränken muß, da es in den *vegetationsfreien Gebieten* jedenfalls auch noch andere Arten der Gesteinsabtragung und Gesteinsneubildung gibt, als wir dies in unserem feuchten Klima anzunehmen gewohnt sind. Vor Ausbreitung der Vegetation müssen, auch in den jetzt niederschlagsreichen Gebieten, Verdunstung, Versickerung und Abfluß eine ganz andere Bedeutung gehabt haben. Diese Erfahrungen wurden vor allem in den Wüsten- und Steppengebieten Südafrikas gesammelt. Aber auch im europäischen Raum wird einem die Notwendigkeit solcher Einschränkung klar, wenn man an das Gebiet glazialer Abtragung und Erosion im Hochgebirge denkt, wo wir uns heute nur schwer diese Wirkung, in den nacheiszeitlichen Abschmelzungsperioden, klarmachen können. Die Heraushebung des Gebirges seit dem Ende der Eiszeit, und damit die verschiedene Höhenlage gegenüber den jetzigen Verhältnissen, wird dabei auch eine ausschlaggebende Rolle gespielt haben. Der Wasserkreislauf in jenen Zeiten muß grundverschieden von den heutigen Zuständen gewesen sein und rascheren und stürmischeren Ablauf gezeigt haben. So erklärt sich manche breite Talrinne in unserem deutschen Mittelland, deren Entstehung auf die Nacheiszeit zurückgeht, aber durch die schwachen Rinnsale niemals zu erklären wäre, die sie heute noch durchfließen.

Auch die *Verwitterungsvorgänge,* besonders die chemischen, waren ganz andere und dadurch beeinflußt, daß die organischen Substanzen fehlten. Dabei spielte das Fehlen der Humusstoffe in jenen früheren Zeiten eine besondere Rolle. Wir dürfen daher annehmen, daß, was wenigstens die Bildung einzelner Gesteine, ihre Verwitterung, Abtragung, ihren Transport und ihre Neubildung anlangt, die Verhältnisse sich zum Teil grundlegend geändert haben und daß sich nicht jedes Gestein zu jeder Zeit der Erdgeschichte in gleicher Weise gebildet haben kann.

Der Wandel im Oberflächenbild der Erde, der, erst in zweiter Linie, abhängig ist von der verschiedenen Widerstandsfähigkeit der Gesteine gegen die *von außen* herantretenden Wirkungen, wird auch durch langsame Veränderungen, die z. T. *von innen* herauswirken (z. B. Hebung) in nachhaltiger Weise verändert. Innere und äußere Wirkungen halten aber nicht immer Schritt miteinander, sonst würden wir kaum Veränderungen feststellen können. Wo zeitweilig die äußeren Kräfte der Abtragung und Zerstörung überwiegen, da sehen wir Einebnungen, Landoberflächen, Gipfelfluren. Es sind aber nicht greisenhafte Formen der Landschaft, wie man sie einstmals zu deuten versuchte, sondern *Reste von Stillstandsphasen* im rhythmischen Ablauf der Oberflächengestaltung, in dem die an der Oberfläche der Erde wirksamen (exogenen) und die Kräfte des Erdinnern (endogenen) sich die Waage halten und wie zwei Zahnräder ineinandergreifen. Die *Erneuerung des Landschaftsbildes* nach Zeiten der Einebnung stellt auch keinen besonderen Erosionszyklus dar, sondern nur den beginnenden Ausgleich, in dem die aufs neue einsetzenden Kräfte von innen heraus die Gestaltung beleben.

Wären die inneren (endogenen) Kräfte negativ oder zur Ruhe gekommen und jetzt nur noch die Abtragung in Tätigkeit, so würde alles flächenhaft gestaltet sein und *wir hätten keine Berge und Gebirge mehr.* Ein Bild, wie es uns die alten Tafeln und Blockmassen (wie die Russische Tafel) zeigen, wo z. T. seit ältester Zeit (Vorkambrium) endogene Kräfte zur Ruhe gekommen sind, und wir keine Gebirgsbildung, keine Vulkane und fast keine Erdbebenerscheinungen mehr kennen.

Auch die Bildung jüngerer Sedimente hat dort nur verschwindend geringe Bedeutung, da Hebungen und Senkungen zurücktreten und damit die Regressionen und Transgressionen nur randlich wirken. Nur so ist es zu verstehen, daß auch viele Sedimente auf diesen Schilden und Tafeln kaum Verfestigung, geschweige denn eine Veränderung erfahren haben. Diese zeigen uns die heute noch plastischen Tone des Kambriums von Ingermannland, die lockeren Obolussandsteine des Kambriums in Estland oder die Kohlen von Tula, die, aus der Steinkohlenzeit stammend, jeglicher Metamorphose durch Druck entbehren und daher so locker erscheinen wie Braunkohlen des Tertiärs.

Alte Landoberflächen. Auch in jüngeren Zeiten hat es solche Stillstandsphasen vorübergehend gegeben, wo die äußeren (exogenen) Kräfte stärker wirkten, ohne einen Ausgleich und eine positive Gegenwirkung in den endogenen zu finden, wo, statt Hebung, vielleicht *Senkung* die Arbeit der Abtragung noch unterstützte. So wird man Abtragungsformen zu erklären haben, die besonders nach starker Gebirgsbildung sich bemerkbar machten, wenn wir von präpermischen Einebungsflächen sprechen, die der karbonischen Faltung folgten, ebenso wie die tertiären Einebnungs- und *Landoberflächen* Mitteldeutschlands auf die Zeit der saxonischen (Kreide — Tertiär) Faltung folgen.

Ein solches Beispiel bieten die Landoberflächen Thüringens, die sich über weite Strecken Ostthüringens in voreozäner Zeit hinzogen, während in der pliozänen Zeit noch eine weitere Einebnung, besonders des Thüringer Waldes, stattfand. Hierbei hat die Arbeit des fließenden Wassers die Hauptwirkung hervorgebracht, ebenso wie bei der Einebnung der rheinischen Scholle die breit hingezogenen Schlingen und Altwässer der Flüsse der Pliozänzeit beteiligt waren, die wir aus ihren Schottern kennen. Auch die Wirkung des Windes in vegetationslosen Gebieten ist bei solcher Einebnung in Rechnung zu stellen, ebenso wie die der Brandung an den Meeresküsten. Führt die Arbeit des Meeres an sinkenden Schollen allmählich zur *Abrasion,* so die von Wasser und Wind auf den Festlandsgebieten zur *Einebnung.* Wenn es bei dieser auch noch nicht erwiesen scheint, daß Senkungen beteiligt waren, so fehlte jedenfalls eine positive Gegenwirkung innerer Kräfte.

Demnach ist auch die *Abtragung ein Bewegungsphänomen.* Sie kommt zum Stillstand, wie auf den alten Blöcken und Tafeln, wo sie ihr Endziel, das der Einebnung, erreicht hat und durch gegenteilige, positive Bewegungen nicht wieder belebt wird. Sie verstärkt sich dort, wo sie immer neue Kräfte von innen heraus empfängt, und führt nur zur Einebnung, wo diese Belebung zum Stillstand kommt. So sind die Schuttmassen am Rand unserer Hochgebirge oder die Abtragungsprodukte der alten karbonischen Gebirge, in der Gestalt des Rotliegenden oder auch noch des Bunten Sandsteins nicht nur eine Folge der Gebirgsbildung, sondern eine Erscheinung, die mit der Gebirgserhebung Schritt hielt und uns sogar einen Maßstab für die Stärke der positiven Gebirgsbildung gibt.

Verlegung der Erosionsbasis und Flußerosion. In welcher Weise diese Belebung einsetzt und nach einer Zeit des Stillstandes und der Einebnung wieder beginnt, zeigen die soeben erwähnten Thüringer Landoberflächen der Tertiärzeit. Einzelne Schollen werden lebendig, und entlang uralter Störungslinien findet Hebung (nacheiszeitliche Hebung der Finne) und Schrägstellung statt, die zur Belebung der Talerosion an den gehobenen Rändern der Kippschollen führt. Daß dies im Thüringer Wald der Nordrand, im Frankenwald aber der Südrand ist, führte zu der eigenartigen Verbiegung der Thüringer Landoberflächen und beeinflußte nachhaltig die verschiedene Entwicklung der Täler, die soviel zu den landschaftlichen Reizen des Waldgebirges beitragen.

Flußverlegung und Anzapfungen, Bildung von Stromschnellen (Binger Loch, Eisernes Tor) und Wasserfällen (Abb. 53), Wechsel der Wasserscheiden und damit auch der Erosionsbasis, Veränderungen des Gefälles und auch des Grundwasserspiegels können die Folge solcher Neubelebung sein. Auf diesem *Wechsel der Erosionsbasis,* durch positive Landbewegungen, beruht nicht nur teilweise die Lage der Schuttablagerungen in verschiedenem Niveau der Täler, wie wir sie in den Terrassenbildungen kennenlernten, sondern auch, durch die Veränderung der Abflußverhältnisse, der unterirdische Lauf der Gewässer. Dies tritt einmal in der Veränderung der Grundwasserstockwerke und mancher Quellhorizonten in die Erscheinung und beeinflußte, bei verändertem Lauf, die Bildung von Höhlen und *Flußversickerungen* in durchlässigen Gesteinen. Die teilweise Versickerung der Donau bei Immendingen und ihr Wiedererscheinen in der Achquelle am

Abb. 53. Der große Wasserfall des Gr. Luleelf (Stora-Sjöfallet). Schwedisch-Lappland.

Bodensee, die Ilm- und Hörselversickerungen in Thüringen und der unterirdische Lauf bzw. die Versenkung der jungen Rhone, dort, wo sie und ihr Nebenfluß den Jura durchfließen (Perte du Rhône, Perte de la Valserine, Abb. 54), können so gedeutet werden.

Wenn wir früher labile und stabile Zonen der Erde, im geographischen und paläogeographischen Sinne, unterscheiden mußten, so war das ursprünglich wohl nur im Unterschied der beweglichen Gebirgszonen und Schelfe und der starren Blöcke und Tafeln gegeben. Jetzt sehen wir, daß sich dies nicht einfach mit der allzu starren Formel Orogenese (Gebirgsbildung) und Epeirogenese (Schollenbewegung) ausdrücken läßt, da positive und negative Epeirogenese gerade vor allem auch die mobilen Zonen beherrscht. Die alten Tafeln sind, mit Ausnahmen sehr weit gespannter, auf- und abwärts gerichteter Schwankungen, zur Ruhe gekommen. Hier hat die Abtragung im großen und ganzen ihr Werk vollendet

Abb. 54. Die Flußversickerung der Valserine (Nebenfluß der Rhone) bei Bellegarde (Jura). 1907.

und hat keine Neubelebung erfahren, wie sie nur in den mobilen Zonen möglich ist.

Alle **morphologische Gestaltung** nimmt von dem Zusammenwirken dieser beiden Faktoren ihren Ausgang. Wo einer von beiden versagt oder wenigstens zeitweilig zurücktritt, da sehen wir als Folge die extremen Endformen der Hochgebiete und der Niederungen unserer Erde, die, sekundär beeinflußt durch

Klima und Gesteinscharakter, den mannigfaltigen Wechsel des Landschaftsbildes, ebenso aber die wechselnde Geschichte der Kontinente und Meere, bedingen.

Aber auch alle Probleme geologischer Gestaltung hängen wohl von diesem Zusammenwirken ab. Ob wir nun die Küsten mit ihrer wechselnden Geschichte in den Hebungen und Senkungen betrachten, ob wir die Hebung der Gebirge oder Erdbeben und Vulkanausbrüche, schließlich ob wir den Wechsel der Gesteine in der Ablagerung und Schichtenbildung oder in der Abtragung und deren morphologischer Gestaltungskraft verfolgen. Es sind alles Erscheinungen, die die lebendigen Gewalten der Erde und ihre an der Oberfläche wirksamen und sichtbaren Kräfte erkennen lassen; die nur wechseln im Raume und in der Zeit. Und „der Wechsel allein ist das Beständige“ (Schopenhauer).

So können wir zum Schluß auch noch einmal zusammenfassen, was jeder Abschnitt im einzelnen zeigen sollte und was, unter einheitlichem Gesichtspunkt, uns einen Ausblick und einen Führer zum Verständnis der Gestaltungsgeschichte unserer Erde bietet. Lernten wir zuerst die Relativität jeder geologischen Erscheinung, nicht nur in Raum und Zeit, sondern auch in der Bewegung kennen, so lehrte uns das Einzelbeispiel der Gebirgsgestaltung, daß nicht nur die Berge wachsen, sondern, selbst heute noch, eine schwache Mobilität erkennen lassen. Aber gerade diese Bewegungen mit schwächster Einzelwirkung bieten in ihrer Summierung den Wegweiser zum Verständnis nicht nur des Schichtenbaues und des Schichtwechsels, sondern auch der Formationsgeschichte der Erde mit dem ständigen Wechsel zwischen Wasser und Land, in der Folge der Regressionen und Transgressionen. Sie stellen sogar ein Grundprinzip von fundamentaler Bedeutung für alles geologische Geschehen auf. Berücksichtigt man schließlich noch den Grundsatz des Aktualismus, einerseits mit den schon erwähnten Einschränkungen durch klimatische Faktoren, andererseits in Verbindung mit den langen Zeiträumen in der geologischen Vergangenheit, die bei der Erklärung jedes erdgeschichtlichen Phänomens in Rechnung zu stellen sind, so haben wir damit die Hauptgedankengänge kennengelernt, die uns dem Verständnis der Veränderungen im Antlitz unserer Erde näher bringen. Sie lehren uns aber auch den tiefen Sinn von Goethes Geologischem Glaubensbekenntnis verstehen, wenn Thales im Faust sagt:

Nie war Natur und ihr *beständig* Fließen
Auf Tag und Nacht und Stunden angewiesen.
Sie bildet regelnd jegliche Gestalt
Und selbst im *großen* ist es *nicht* Gewalt.

Tabelle der erdgeschichtlichen Formationen.

(Aus E. Dacqué: Das fossile Lebewesen. Verständliche Wissenschaft Band 4.)

Weltalter (Ära)	Periode		Epoche
Känozoische Gruppe (Erdneuzeit)	Quartär-Formation (System)		Alluvium
			Diluvium (Pleistocän)
	Tertiär-Formation	Jung-tertiär	Pliocän
			Miocän
		Alt-tertiär	Oligocän
			Eocän
			Paleocän
Mesozoische Gruppe (Erdmittelalter)	Kreide-Formation		Obere Kreide
			Untere Kreide
	Jura-Formation		Oberer (weißer) Jura, Malm
			Mittlerer (brauner) Jura Dogger
			Unterer (schwarzer) Jura Lias
	Trias-Formation		Obere Trias (Keuper)
			Mittlere Trias (Muschelkalk)
			Untere Trias (Buntsandstein)
Paläozoische Gruppe (Erdaltertum)	Perm-Formation (Dyas)		Zechstein
			Rotliegendes
	Karbon-Formation (Steinkohlen)		Oberkarbon
			Unterkarbon
	Devon-Formation		Ober-Devon
			Mittel-Devon
			Unter-Devon
	Silur-Formation		Ober-Silur
			Ordovicium
	Kambrische Formation (Cambrium)		Ober-Cambrium
			Mittel-Cambrium
			Unter-Cambrium
Archäozoische = Eozoische Gruppe (Präcambrium, Proterozoikum Algonkium)			Erdurzeit
Azoische Gruppe = Archäikum, Urgebirge			

Zur Erläuterung der Formations- und Stufennamen auf der Zeittabelle sei ausdrücklich bemerkt, daß sie alle nur den Zeitabschnitt als solchen bezeichnen wollen. Ist jede Zeit auch materiell repräsentiert durch Schichten, aus denen allein sie ermittelt wurde, so bedeuten doch Ausdrücke wie „Muschelkalk", „Buntsandstein", „Kreide" in der Tabelle nicht etwa die Gesteine dieses Namens. Denn wie heute sich an verschiedenen Stellen der Erde gleichzeitig verschiedenstes Gesteinsmaterial zersetzt und wieder ablagert, so auch in der Vorwelt. Die „Kreidezeit" ist nur an einer einzigen Stelle der Erde durch „Kreide" charakterisiert: in Nordwesteuropa. Überall sonst ist sie vertreten durch Sandsteine, Kieselschiefer, Massenkalke und vieles andere. Ebenso die übrigen genannten Zeitstufen. Sie haben ihren Namen bloß daher, daß man sie zuerst in jenen spezifischen Gesteinsbildungen erkannte und gründlicher studierte. Wieder andere Namen stammen von Landschaften, in denen sie zuerst aufgefunden und erforscht wurden; so Devon, Perm, Jura. Auch die Namen uralter Einwohner solcher Landschaften wurden verwendet: Rhätier, Kambrier, Silurer. Trias bedeutet dreigeteilte Formation, Dyas zweigeteilte. Tertiärzeit stand früher einer Sekundärzeit (Erdmittelalter) und einer Primärzeit (Erdaltertum) gegenüber. Die Stufen des Tertiärs sind griechische Wortbildungen (z. B. eo – kainos = früh – neu). Lias ist eine Verbalhornung des engl. layers, Schichten; Keuper ist ein thüringischer Lokalausdruck, der bunte Schichten bedeutet, usw.

Wichtigere Schriften

die zur Ergänzung herangezogen werden können.

S. von Bubnoff: Grundprobleme der Geologie. Eine Einführung in geologisches Denken. Berlin. Bornträger 1931.

E. Dacqué: Das fossile Lebewesen. Eine Einführung in die Versteinerungskunde. Verständliche Wissenschaft Bd. 4. Berlin: J. Springer 1928.

F. Drevermann: Die Meere der Urzeit. Verständliche Wissenschaft Bd. 16. Berlin: J. Springer 1932.

Geologische Karte von Deutschland: 1 : 2000000, mit kurzem Erläuterungsheft. Berlin. Preuß. Geol. Landesanstalt 1931. (RM. 3.—.)

W. Salomon: Grundzüge der Geologie. I. Allgemeine Geologie. Stuttgart. Schweizerbarth 1924.

F. X. Schaffer: Geologische Länderkunde. Heft 1 und 2. Wien und Leipzig 1930.

W. von Seidlitz: Revolutionen in der Erdgeschichte. Eine akademische Rede. Jena. G. Fischer 1920.

W. von Seidlitz: Entstehen und Vergehen der Alpen. Stuttgart. Enke 1926.

Georg Wagner: Einführung in die Erd- und Landschaftsgeschichte. Öhringen. Rau 1932.

Paul Wagner: Grundfragen der Geologie. (Wissenschaft und Bildung Bd. 91.) 2. Aufl. Leipzig 1919.

J. Walther: Geologie von Deutschland. Leipzig. Quelle u. Meyer 1921.

Erklärung Geologischer Fachausdrücke.

Abrasion: Abtragung durch die Meeresbrandung in Verbindung mit sinkenden Küsten.

Aktualismus: Lehre von den Veränderungen an der Erdoberfläche, die durch Summierung der geringfügigen Ereignisse der Jetztzeit auch den Wandel der Erscheinungen in der geologischen Vergangenheit zu erklären sucht (K. A. v. Hoff; Ch. Lyell).

Ammoniten: Spiral aufgerollte, mit reich skulptierter Schale versehene Kopffüßler. Wichtige Leitformen vor allem der geologischen Mittelzeit.

Atlantis: Kontinentalbildungen im nördlichen und südlichen Atlantischen Ozean während der mittleren und jüngeren Erdgeschichte.

Basalt: Decken- und kuppenförmig an der Oberfläche abgelagertes Eruptivgestein von dunkler Farbe besonders aus der Tertiärzeit. Zusammensetzung: Plagioklas, Augit, Olivin.

Brachiopoden (Armfüßler): Zweischalige Leitfossilien, besonders im Erdaltertum sehr formenreich.

Breccie oder Bresche: Trümmergestein aus eckigen Bruchstücken, die wieder verkittet wurden; oftmals Begleiterscheinung starker tektonischer Bewegungen.

Dinosaurier: Riesige Reptilien, besonders der Jura- und Kreidezeit.

Diskordanz: Unterbrechung des regelmäßigen Schichtenbaus durch Gebirgsbewegungen, die zwischen der Ablagerung zweier Schichten stattfanden (Abb. 14), derart, daß die älteren Schichten gefaltet sind, die jüngeren aber ungefaltet blieben. Wichtig für die Altersfeststellung einer Gebirgsbewegung. Variskische Diskordanz in Deutschland zwischen Karbon und Perm.

Epeirogenese: Langsame Veränderungen der Erdoberfläche, welche die Struktur der Schichten meist nicht verändern. Schollenbewegungen. Gegensatz: Orogenese.

Erosionsbasis: Niveau im Abflußbereich eines fließenden Gewässers, an dem die abtragende Arbeit des Wassers aufhört (z. B. Meeresspiegel). Durch Verlagerung (Hebung oder Senkung) der Erosionsbasis wird die Erosionsarbeit verstärkt oder abgeschwächt.

Fazies: Verschiedenartige Ausbildung gleich alter Schichtbildungen; bedingt durch die Verschiedenartigkeit der Ablagerungsräume und ihrer wechselnden Tierwelt.

Flysch: Schiefrig-sandige, fast fossilfreie Gesteine der Kreide und des Tertiärs, von großer Einförmigkeit, die vor allem am Alpennordrand eine Rolle spielen.

Gabbro: Tiefengestein von oft großem Korn, bestehend aus Plagioklas und Diallag.

Geosynklinale: Sammelmulde von weiter regionaler Ausdehnung, in der sich die später zu Sedimenten verfertigten Ablagerungen bildeten. Die alpine Geosynklinale kann man an Ausdehnung am ehesten mit dem heutigen Mittelmeer vergleichen.

Gipfelflur: Alte Einebnungsflächen der Hochgebirge, die später durch Erosion und wohl auch durch Krustenbewegungen zerstört wurden (Abb. 43).

Gneis: Verbreitetste Ausbildung der kristallinen Schiefer; wie der Granit aus Quarz, Glimmer und Feldspat bestehend. Je nachdem, ob es sich um umgewandelte Sedimente oder Eruptivgesteine handelt, unterscheidet man Sediment- und Eruptivgneise.

Gondwanaland: Alter Südkontinent (Afrika, Indien, Australien) des Mesozoikums.

Granit: Tiefengestein aus einem grob- bis feinkörnigen Gemenge von Quarz, Feldspat und Glimmer.

Graptolithenschiefer: Dunkle Schiefer des Silur mit kleinen stabförmigen Kolonien der Graphtolithen (Hydromedusen ?).

Inlandeis: Gewaltige Eismassen, die während der quartären Zeit (Diluvium) bis nach Mitteleuropa vordrangen.

Isostasie: Das Streben nach Gleichgewicht in den verschieden schweren Schollen der Erdrinde. Ursache mancher epeirogenetischer (s. d.) Krustenbewegungen.

Kataklysmen- (Katastrophen-) Theorie: Lehre von den Veränderungen an der Erdoberfläche, die die geologischen Ereignisse durch revolutionäre Umwandlungen und den Wechsel der Tier- und Pflanzenwelt durch Vernichtung und Neuschöpfung der Faunen bzw. Floren zu erklären sucht (G. Cuvier).

Konglomerat: Trümmergesteine mit gerundeten, abgerollten Brocken, welche meist in der Meeresbrandung entstanden.

Kristalline Schiefer: Einstige Eruptiv- und Sedimentärgesteine, die unter Einwirkung hoher Temperatur und hohen Druckes in der Tiefe umgewandelt wurden (Metamorphose): Gneis, Glimmerschiefer, Phyllit.

Leitfossilien: Versteinerte Tier- und Pflanzenreste, die für eine Formation bezeichnend sind.

Lösungstektonik: Krustenveränderungen, die durch Auslaugung salzführender Schichten und damit verbundener unterirdischer Einstürze und Senkungen entstehen.

Magma: Glutflüssige Schmelzmassen in der Erdtiefe, die in der Form der Eruptivgesteine bis an die Oberfläche empordringen.

Metamorphose: Umwandlung der Gesteine in großer Tiefe durch Druck und Wärme. S. a. kristalline Schiefer.

Molasse: Tertiäre Mergel und Sandsteine des Alpenvorlandes, die teils im Meer, teils aber auch im Brack- und Süßwasser abgelagert wurden. Die Geröllbildungen der Nagelfluh gehören dazu.

Nagelfluh s. Molasse.

Oolithbildungen: Anhäufung kleinster kugelförmiger Sedimentkörner, wahrscheinlich anorganischer Entstehung.

Orogenese: Gebirgsbildung von vorübergehendem, episodischem Charakter im Gegensatz zur Epeirogenese, die sich durch allmähliche Hebung und Senkung der Schollen äußert.

Peridotit (Olivinfels): Basisches Tiefengestein von dunkler Farbe, bestehend vor allem aus Plagioklas und Olivin.

Permanenz (der Ozeane): Nur wenige Meere, wie der Stille Ozean, haben Dauerbestand während der Erdgeschichte gehabt. Auch bei Kontinenten kann man von Permanenz (Dauerland und Wechselland) während einiger Erdepochen sprechen und meint damit vor allem die alten Kontinentalkerne (Russische Tafel, Kanadischer Schild).

Plutonische Gesteine: Eruptivgesteine, die in der Tiefe der Erde unter dem Druck der überlagernden Gesteinsmassen langsam erkalteten (z. B. Granit).

Porphyr: Gang- und Ergußgestein, besonders der Karbon- und Permzeit, das aus einer scheinbar dichten, felsitischen Grundmasse und darin eingebetteten einzelnen Kristallen, besonders von Quarz und Feldspat, besteht.

Regression: Rückflut des Meeres, vgl. Transgression. Abb. 15.

Rudisten: Festgewachsene Zweischaler der oberen Kreidezeit im alpinen und Mittelmeergebiet.

Seismotektonik: Erkennung der Schicht- und Lagerungsverbände in der Erdkruste durch die verschiedene Art, wie die einzelnen Schollen auf die Erdbebenwellen reagieren.

Schelfmeere: Randliche Überflutungen der Küstensockel, in denen die meisten der wechselnden Sedimentgesteine gebildet wurden.

Synorogenese: Kurzspannige Schollenveränderungen, vielfach mit Erdbebenerscheinungen verbunden.

Terrassen: Entstehen an Flußufern durch Ablagerung von Geröllmaterial und zeigen in ihrer Verbreitung außerhalb des jetzigen Flußlaufes an, wie ausgedehnt das Flußbett einst war oder wie hoch es lag. Man unterscheidet Erosionsterrassen und Aufschüttungsterrassen (Abb. 48).

Tethysmeer: Ozean des Erdmittelalters in O-W-Erstreckung (Geosynklinale, s. d.), in dem die Schichten gebildet wurden, die sich jetzt im Hochgebirgsgürtel der Erde finden.

Trachyt: Junges (tertiäres) Ergußgestein ohne Quarz, aber mit Orthoklas (Feldspat), von lichter Farbe.

Transgression: Überflutung eines Trockengebietes, die wir jetzt an der übergreifenden Lagerung einer Gesteinsbank über eine andere, oftmals mit einer beträchtlichen Unterbrechung der Schichten dazwischen, erkennen können. Eine Diskordanz (s. d.) wird meist mit einer Transgression verbunden sein. Cenoman- (Kreide-) Transgression usw. Abb. 15 und 18.

Trilobiten: Krebsartige Tiere. Leitformen aus den Formationen des Erdaltertums (Paläozoikum).

Vulkanische Gesteine: Eruptivgesteine, die bis an die Oberfläche der Erde empordrangen und sich dort stock- oder deckenförmig ablagerten.

Zechstein: Obere Abteilung des deutschen Perm. Durch Kupferschiefer (Mansfeld) und Kalisalze besonders charakterisiert.

Sachverzeichnis.

GPSR Compliance

The European Union's (EU) General Product Safety Regulation (GPSR) is a set of rules that requires consumer products to be safe and our obligations to ensure this.

If you have any concerns about our products, you can contact us on ProductSafety@springernature.com

In case Publisher is established outside the EU, the EU authorized representative is:

Springer Nature Customer Service Center GmbH
Europaplatz 3
69115 Heidelberg, Germany

Batch number: 10682534

Printed by Printforce, the Netherlands